水辺が都市を変える
―ため池公園が都市空間に潤いを与える―

関西大学 大学院・工学部教授　和　田　安　彦
広島修道大学 人間環境学部教授　三　浦　浩　之　共著

技報堂出版

はじめに

　高齢化の進展，余暇時間の増大などから都市において，物質的な豊かさよりも心の豊かさが求められている。心の豊かさを満たすもののひとつとして，水辺や緑の空間がある。近年，魅力ある地域づくりに向けた「公園と緑を活かした地域づくり」，「水辺を活かした地域づくり」など，潤いのある都市環境の形成や都市の再生が推進されている。

　このような水と緑を活用した都市の再生が必要になったのは，高度経済成長期にニュータウンの建設や古くからある街に新しい街を継ぎ足すように密集した居住環境を形成した都市が時代に必ずしもマッチせず古くなってきたからである。ニュータウンなどは建設から40年以上が経過し，その都市構造が現代の都市生活に合わなくなっているものもあり，居住者も年配の人が増え世代構成も大きく変化してきている。また，密集した居住地内では，水や緑のある空間はほとんどなく，一部の公園や農業用のため池がある程度である。しかも，都市部における農業用のため池は，農地の減少などによりその主目的を失いつつある。

　そこで，魅力ある地域づくりに向けた都市の再生のひとつとして，都市にある，都市に残されたため池を活用し，都市を変えることができないか，そもそもため池という水面を持つ空間が密集した住宅地の中にあることが人々にどのような影響をもたらしているかを検討した。

　まず，はじめに，都市の中の水辺のある公園づくりについて，日本における公園の成り立ちをふまえたうえで，公園と市民の関わり合い方，都市化によって失われ続けてきた自然的環境を求める市民の気持ちについて考えた。

　次に，一連の調査研究の発端となった密集した住宅地の中にあるため池公園と，

類似のため池公園を対象に，農業用のため池から市民の憩いの場としてのため池公園にどのように再生されていったのか，それについて人々はどのように感じているのかを調査した。また，子供たちだけでなく大人も含めて環境に対する思いを育み，正しい知識を得る場としてため池公園を活用することを考えた。

さらに，ため池公園の持つ特徴である水鳥について考えた。ため池には季節ごとに様々な水鳥が訪れている。とりわけ，ある程度の広さを有する水面そのものが減少している都市部では，まとまった水面を提供できるため池にはカモやサギなどの水鳥が集中的に飛来していることが多い。これらの水鳥たちが水面を泳ぎ，餌を取ったり，雛を育てていたりする姿を見ることは，野生動物の姿を見かけることが極端に少ない都市部では，貴重な体験である。このような水鳥たちとのふれあいが人々の意識にどのような影響を与えているのかについて調査した。また，あまりにも水鳥とのふれあいを求めるあまり，過剰な餌やりをしてしまい，結果として水鳥たちが住むため池の水質を悪化させてしまうこともある。これについて，実際，餌やりが水質にどう影響し，どのようにすれば餌やりが水鳥とのふれあいになり，ため池水質の保全を両立できるのかを検討した。

21世紀は環境の世紀といわれ，いかに早く持続可能な社会を形成できるのかが問われている。これを達成する要件の一つに，人々が環境に配慮しようとする意識を持ち，これを行動として実践していくことがある。そのためには，自らの行動が環境にいかに関わりを持ち，影響を与えているのかを意識していくことが求められる。このような環境配慮意識を形成させていく一つの手段として，身近な野生動物としての水鳥との関係の持ち方が大切である。そこで，水鳥との関わり方からの環境配慮意識の形成について，心理的な視点も加えて考えた。

また，ため池公園は，そこに広がりのある空間があること自体が，訪れる人にあるよい心持ちをもたらしているのではないかと考え，密集した市街地においてオープンスペースを提供できる魅力についても検討した。現代人が公園に求めているものを明らかにし，潤いや癒しの場として，あるいは教育の場として，今ま

はじめに

で以上にため池の水辺に重点を置いて整備することが重要であることを事例をもとに，明らかにした。そのうえで，現代人の水辺へのあこがれとニーズを都市の中で形あるものとして整備していくことが都市再生や都市を変えていくうえで大切なことを示した。

このように，本書は，市街地にあるため池公園が，その周囲に住む人々，訪れる人々に何を与えており，どのような存在意義があるのかを，いくつかの視点から考えたものである。

本書の構成を次に示す。

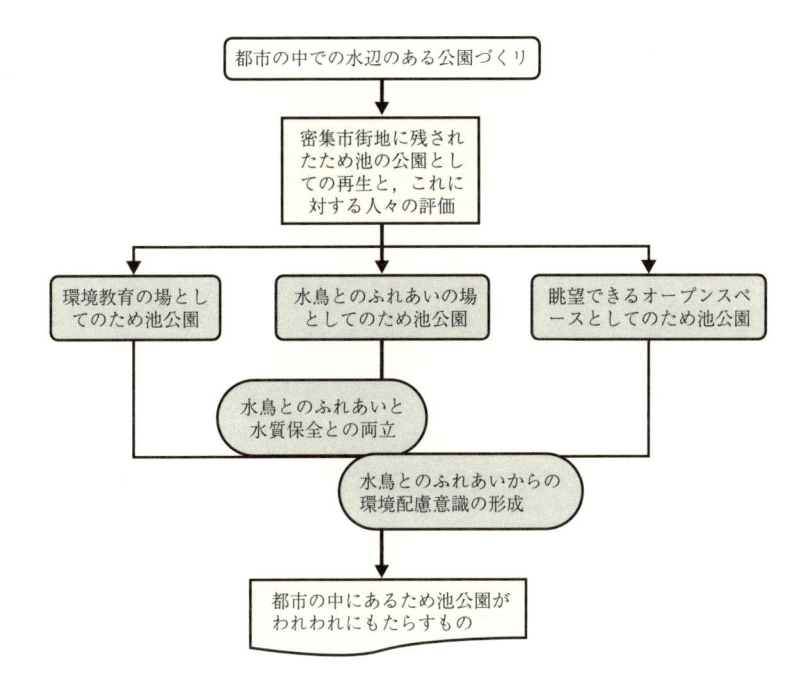

```
                都市の中での水辺のある公園づくり
                            │
                密集市街地に残されたため池の公園と
                しての再生と，これに対する人々の評価
                            │
        ┌───────────────────┼───────────────────┐
   環境教育の場と      水鳥とのふれあいの場     眺望できるオープンスペ
   してのため池公園    としてのため池公園      ースとしてのため池公園
                            │
                    水鳥とのふれあいと
                    水質保全との両立
                            │
                    水鳥とのふれあいからの
                    環境配慮意識の形成
                            │
                    都市の中にあるため池公園が
                    われわれにもたらすもの
```

2005 年 1 月

和田　安彦
三浦　浩之

目 次

はじめに ……………………………………………………………………………… i

第 1 章　都市の中での公園づくり ～特に水辺のある公園について～ ……… 1
　1.1　日本における公園の成り立ち ……………………………………… 1
　1.2　公園と市民の関わり ………………………………………………… 6
　　2.2.1　公園と市民の間の距離感 ……………………………………… 6
　　2.2.2　市民参加の公園づくりと維持管理 …………………………… 7
　1.3　自然的環境への市民の気持ち ……………………………………… 8
　1.4　市民と水辺 ………………………………………………………… 11
　　　　参考文献 ………………………………………………………… 12

第 2 章　ため池からの公園づくり ……………………………………………… 13
　2.1　都市の中のため池 ………………………………………………… 14
　　2.1.1　ため池を巡る情勢 …………………………………………… 14
　　2.1.2　ため池の公園への活用例 …………………………………… 15
　2.2　市街地にあるため池の公園としての再生 ……………………… 17
　　2.2.1　摂津市　市場池 ……………………………………………… 17
　　2.2.2　高槻市　小寺池 ……………………………………………… 24
　　2.2.3　堺市　　菰池 ………………………………………………… 25
　　2.2.4　羽曳野市　伊賀今池 ………………………………………… 27
　2.3　公園として再生されたため池の評価 …………………………… 29
　　2.3.1　公園の利用状況 ……………………………………………… 29
　　2.3.2　公園の誘引力 ………………………………………………… 34
　　2.3.3　公園に対する満足度 ………………………………………… 38
　　2.3.4　公園に対するイメージ ……………………………………… 47
　　2.3.5　公園の効用 …………………………………………………… 49
　2.4　ため池公園がもたらしてくれるもの …………………………… 50

	参考文献 ··	52
第3章	水鳥とのふれあい ··	53
3.1	ため池公園と水鳥 ··	53
3.2	水鳥の多い公園へ訪れる人の意識 ·······················	54
	3.2.1　対象としたため池公園 ····························	54
	3.2.2　来園目的 ···	56
	3.2.3　公園の自然環境に対する意識 ····················	59
	3.2.4　水質と来園者の意識の関係 ·······················	60
3.3	水鳥とのふれあい行動によるため池の環境悪化 ······	61
	3.3.1　ため池の水質 ··	61
	3.3.2　ため池の水質悪化 ···································	64
3.4	水鳥とのふれあい行動と水質保全の両立へ向けて ···	68
	3.4.1　水鳥への給餌行動 ···································	68
	3.4.2　給餌場設置による水質保全 ·······················	69
	3.4.3　流入水の浄化による水質保全 ····················	75
3.5	水鳥とのふれあい行動と水質保全の両立 ···············	76
	参考文献 ··	77
第4章	環境教育の場としての水辺のある公園 ·················	79
4.1	環境教育とは ··	79
4.2	環境教育の場としてのため池公園整備 ··················	80
	4.2.1　ため池公園整備の方向 ·····························	80
	4.2.2　環境教育効果を高める方法 ·······················	82
	4.2.3　ため池公園の持つ環境資源価値の環境教育への活用方法 ···	83
4.3	水鳥とのふれあいによる環境教育 ························	85
	参考文献 ··	86
第5章	水鳥とのふれあいから環境配慮意識の形成へ ·········	87
5.1	ため池公園からの環境配慮意識の形成へ ···············	87
5.2	来園者の水質保全への意識 ································	88
	5.2.1　来園者の意識 ··	88
	5.2.2　意識構造の解析 ······································	92

目　次

| | | 5.2.3 | 給餌行動禁止への賛否 | 92 |

　　5.3　情報提供による意識変化 …………………………………… 95
　　5.4　給餌行動禁止への意識 ………………………………………… 98
　　　　5.4.1　来園目的と給餌行動禁止への意識 ………………………… 98
　　　　5.4.2　賛成意識・反対意識 …………………………………… 99
　　　　5.4.3　禁止されている給餌行動を実行する理由 ………………… 102
　　5.5　給餌行動の抑制と意識 ………………………………………… 103
　　　　5.5.1　分析手法 ………………………………………………… 104
　　　　5.5.2　環境配慮行動形成のための認識状況 …………………… 106
　　　　5.5.3　環境配慮行動に向けた環境配慮意識形成 ……………… 107
　　5.6　水鳥とのふれあい行動を通じた環境配慮意識形成 ………… 108
　　　　5.6.1　意識・行動分析 ………………………………………… 108
　　　　5.6.2　心理的解析 ……………………………………………… 109
　　　　　　　参考文献 …………………………………………………… 110

第6章　癒し空間としての水辺のある公園づくり …………… 111

　　6.1　密集市街地でのオープンスペースの魅力とは ……………… 111
　　　　6.1.1　オープンスペースとは ………………………………… 111
　　　　6.1.2　オープンスペースの魅力の調査 ……………………… 113
　　　　6.1.3　オープンスペースの魅力要素 ………………………… 117
　　6.2　密集住宅地域に位置する公園施設における利用者意識 …… 121
　　　　6.2.1　調査概要 ………………………………………………… 121
　　　　6.2.2　景観評価の結果 ………………………………………… 125
　　　　6.2.3　景観評価に影響を与える要因 ………………………… 128
　　6.3　癒し空間としてのため池公園の魅力 ………………………… 134
　　　　　　　参考文献 …………………………………………………… 135

　おわりに ……………………………………………………………… 137
　索　引 ………………………………………………………………… 139

第1章
都市の中での公園づくり
~特に水辺のある公園について~

1.1 日本における公園の成り立ち

　市民が親しめる水辺のある公園について語る前に，市民にとって公園とは何か，水辺とは何かを考えてみたい。まず初めに，今，私たちの身の回りにある公園が，どのようにして形成されてきたのかを簡単に振り返ってみる。

　日本においては，明治時代の初め頃に，欧風化政策の一環として公園制度が取り入れられた。それ以前は"公園"という概念自体が日本にはなく，都市の住民は神社仏閣の境内や花の名所などに娯楽や休養，語らいのために集まっていた。上流階級では，これらに屋敷などの庭園も加わる。しかし，いずれも当時の為政者（領主など）が計画的に設けたものではなく，人々は自分たちで都市の中や郊外に今の公園に相当する空間を生み出していたのである。桜や梅などの花を愛でる習慣が大衆化して，各地に花の名所が生まれ，そこに人々が集まり，お酒やお茶を飲み，踊りなどの娯楽をして楽しむ"花見"が，明治時代より前の"公園"的な空間の利用の仕方の代表であった。人々が集まるコミュニケーションの場であり，盛り場的要素をも持つオープンスペースが住空間のなかに存在していたのである。

　これが明治時代になると，先進国である西欧諸国に少しでも追いつくことを目指して，欧風化政策の一環として"公園"という制度が導入されることになった。これによって，洋風の公園が整備され始めたのであるが，これは西欧での文化的・社会的な公園成立背景を考慮したものではなく，構造的な模倣を進めたものであった。1873年の太政官布告により，「人々が群がる場所，古くからの景勝地，歴史上の重要人物ゆかりの地など，多くの人が訪れて楽しむ場所，それを国で『公園』として定める」ことが制度として定められた。これによって，社寺仏閣の境内や城跡，名勝地や城主などが所有していた庭園などが公園として管理される

ことになった。社寺仏閣境内としては上野の寛永寺，浅草の浅草寺や京都円山の八坂神社などが，城跡では明石城，岐阜城，大垣城などが公園となり，名勝では東京の飛鳥山（花見の名所）や奈良，吉野，京都嵐山，大阪箕面などが公園となっていった。さらに，偕楽園や兼六園などの庭園が公園として解放されていった。

このようにして，明治時代になってはじめて「公園」という概念が誕生したのである[1]。

次に1888年に日本の都市公園史から見て重要な「東京市区改正」が発令された。これは，公園について計画上の基準を模範として設定したことと，行政が主導して公園を計画・デザイン・配置した点で注目されるものである。

前者では，ロンドン，パリ，ベルリン，ウィーンが模範となる都市として選ばれ，これら4都市の人口や市域面積に対する公園数や公園面積が東京の目標とされた。これは，公園づくりにおいて，東京にどのような空間が必要とされているのかではなく，先進国の公園面積に基づいて整備すべき公園の量が決められたことを示している。

後者の公園設置への行政の積極的な関わりでは，江戸時代から人々に利用されていた寺社境内などのオープンスペースを拾い出して公園と指定している。これは，飯沼ら[1]が指摘しているように，オープンスペースが公園となるのかどうかは行政が公園と指定するか否かだけにかかっており，既存の人々が利用していたオープンスペースを公園として行政が追認しただけであり，新たに公園を創り出したのではなかったのである。実際，公園として指定されたもののうち，数では70％が，面積では80％が『江戸名所図会』に書かれていた庶民の昔からの遊覧の地であった。

近代的な公園のさきがけは，1903年に開園した日比谷公園であり，当時の人々にとって「近代的」で西洋風の公園としてデザインされた。しかし，園内では行商が行われたり，大道芸人が見せ物をして収入を得ようとしたりして，雑多な利用状況となり，芝生や園路も馬車や人力車が通ることで荒れ放題となってしまった[2]。それまでの寺社境内などのオープンスペースと同じような利用が行われたのである。このような事態を好まなかった行政は，芝生地への立ち入り禁止，飲食禁止，馬車・人力車や行商人・大道芸人の入場禁止といった公園利用ルールを設けた。ここに，行政が公園をつくり，行政が好む方法でのみ市民の利用を許

すという現在に至る公園利用における行政と市民の関係が始まったといえる。

その後の公園に関する大きな転機は，関東大震災である。震災時の大火災の延焼を公園・広場・河川などが防いだことから，公園の防災機能が着目されたのである。これは，ちょうど，阪神・淡路大震災において火災のひどかった長田地区などで公園が延焼を防いで被害の拡大を防いだこと，そして公園の防災機能が再度見直されたことと符合している。

関東大震災後の帝都復興事業では，街区公園のさきがけといえる「小公園」52箇所が計画された。小学校の児童数，校庭面積などを考慮して計画されたこの小公園は，当時，欧米で展開された児童心理学・社会学に基づいて幼児・児童のために公園が必要であるという理論の影響を受けたものである。その後も，街区公園（1993年の「都市公園法施行令」改正までは児童公園）は幼児・児童のための公園として，遊び場としての何もない空間とそれを囲むように配置された遊具のある形態をもって整備されてきた。ここに，少子高齢化の現在，公園の利用者が激減している要因のひとつを見ることができる。

大正および昭和の第二次世界大戦前の時期には，ドイツにおける都市面積に対する公園緑地面積の基準や，都市人口に対する公園面積，ならびに新たな都市公園の都市域内配置理論が導入された[2]。また，都市に住む子供のための安全な遊び場としての街区公園（当時，児童公園）の整備が進められた。

戦後は戦災地復興基本方針が閣議決定され，「過大都市の抑制」と「地方中心都市の振興」の二つの柱を掲げて，都市の能率，保健，防災に対する十分な考慮のもとに，土地利用計画を策定することとなった[3]。そして，1946年に戦災復興の「特別都市計画法」が公布された。

その後の公園の整備は，おもに「都市緑地保全法」（昭和48年制定）に基づいて行われてきた。「都市緑地保全法」は，都市において緑地を保全するとともに緑化を推進することにより良好な都市環境の形成を図り，健康で文化的な都市生活の確保に寄与することを目的として制定されたものである。都市公園の種類を表-1.1に示す。「都市緑地保全法」によって，公園整備のために整備五箇年計画が年次をおって立案され，最も新しいものは1996年に策定された第六次都市公園など整備五箇年計画である。この内容を以下に示す。

第 1 章　都市の中での公園づくり～特に水辺のある公園について～

表-1.1　都市公園の分類

種　類	種　別	内　　容
住区基幹公園	街区公園	もっぱら街区に居住する者の利用に供することを目的とする公園で，誘致距離 250 m の範囲内で 1 箇所当り面積 0.25 ha を標準として配置する（1993 年の「都市公園法」施行令改正までは児童公園）。
	近隣公園	主として近隣に居住する者の利用に供することを目的とする公園で，近隣住区当り 1 箇所を誘致距離 500 m の範囲内で 1 箇所当り面積 2 ha を標準として配置する。主として，人口 1 万人程度の小学校区に居住する人々の日常的な屋外レクリエーション活動のために設けられる公園である。
	地区公園	主として徒歩圏内に居住する者の利用に供することを目的とする公園で，誘致距離 1 km の範囲内で，1 箇所当り面積 4 ha を標準として配置する。都市計画区域外の一定の町村における特定地区公園（カントリーパーク）は，面積 4 ha 以上を標準とする。
都市基幹公園	総合公園	都市住民全般の休息，観賞，散歩，遊戯，運動など総合的な利用に供することを目的とする公園で，都市規模に応じ 1 箇所当り面積 10 ～ 50 ha を標準として配置する。地域住民にとって避難地ともなり，非常時に必要な給水施設や備蓄庫が設置されることもある。美術館や野球場などと併せて設けられることも多い。
	運動公園	都市住民全般の主として運動の用に供することを目的とする公園で，都市規模に応じ 1 箇所当り面積 15 ～ 75 ha を標準として配置する。公園面積に占める運動施設面積は 50 % 以下と定められている。
大規模公園	広域公園	主としてひとつの市町村の区域を超える広域のレクリエーション需要を充足することを目的とする公園で，地方生活圏等広域的なブロック単位ごとに 1 箇所当り面積 50 ha 以上を標準として配置する。
	レクリエーション都市	大都市その他の都市圏域から発生する多様かつ選択性に富んだ広域レクリエーション需要を充足することを目的とし，総合的な都市計画に基づき，自然環境の良好な地域を主体に，大規模な公園を核として各種のレクリエーション施設が配置される一団の地域であり，大都市圏その他の都市圏域から容易に到達可能な場所に，全体規模 1 000 ha を標準として配置する。
国営公園		主としてひとつの都府県の区域を超えるような広域的な利用に供することを目的として国が設置する大規模な公園で，1 箇所当り面積おおむね 300 ha 以上を標準として配置する。国家的な記念事業などとして設置するものにあっては，その設置目的にふさわしい内容を有するように配置する。
緩衝緑地など	特殊公園	風致公園，動植物公園，歴史公園，墓園など特殊な公園で，その目的に則し配置する。
	緩衝緑地	大気汚染，騒音，振動，悪臭などの公害防止，緩和もしくはコンビナート地帯などの災害の防止を図ることを目的とする緑地で，公害，災害発生源地域と住居地域，商業地域などとを分離遮断することが必要な位置について公害，災害の状況に応じ配置する。
	都市緑地	主として都市の自然的環境の保全ならびに改善，都市の景観の向上を図るために設けられている緑地であり，1 箇所当り面積 0.1 ha 以上を標準として配置する。ただし，既成市街地などにおいて良好な樹林地などがある場合，あるいは植樹により都市に緑を増加または回復させ都市環境の改善を図るために緑地を設ける場合にあっては，その規模は 0.05 ha 以上とする（都市計画決定を行わずに借地により整備し都市公園として配置するものを含む）。
	緑道	災害時における避難路の確保，都市生活の安全性および快適性の確保などを図ることを目的として，近隣住区または近隣住区相互を連絡するように設けられる植樹帯および歩行者路または自転車路を主体とする緑地で，幅員 10 ～ 20 m を標準として，公園，学校，ショッピングセンター，駅前広場などを相互に結ぶよう配置する。

注）近隣住区＝幹線街路などに囲まれたおおむね 1 km 四方（面積 100 ha）の居住単位

《1. 目標》
① 21世紀初頭を目途に，欧米諸国並に1人当り公園面積をおおむね20 m^{2}確保することを目標とし，平成14年度末(西暦2002年度末)に目標の約1/2である約9.5 m^{2}を確保する(平成9年度末 7.5 m^2)。
② 歩いていける範囲の公園整備率を約65 %に引き上げる(平成9年度末；58 %)。
③ 防災公園の整備などにより，災害時における広域避難地となる都市公園の整備された市街地の割合を約65 %とする(平成9年度末；60 %)。

《2. 主要課題》
a. 安全で安心できる都市づくりへの対応
① 大震火災時の避難地，救援活動拠点など都市の防災性の向上に資する防災公園の整備。
② 備蓄倉庫，耐震性貯水槽，ヘリポートなどの災害応急対策施設，体育館などの避難収容施設，池，井戸などの整備による公園防災機能を強化。
③ 住宅，面的整備事業，下水道などの他事業との連携による防災拠点の整備など防災性の高い市街地の形成。

b. 長寿，福祉社会への対応
① 身近に利用できる，歩いていける範囲の公園ネットワークの整備。
② 高齢者，障害者の利用に配慮した園路，トイレなど公園施設のバリアフリー化，福祉施設などと公園の一体的整備。
③ 高齢者などのくつろぎやコミュニティの形成の場となるパークセンターや日常に健康づくりができる健康運動施設の整備。

c. 都市環境の保全，改善や自然との共生への対応
① 水面・水辺空間を積極的に取り組むとともに，自然地形，植生を活かした公園づくり，緑化面積向上などによる多様な緑の量と質が確保された公園整備。
② 太陽などの自然エネルギーや，廃熱などの未利用エネルギー，下水汚泥，下水処理水などの再生資源を積極的に活用した公園の整備。
③ 体験学習施設，野鳥観察所などの整備による学校や地域の学習，環境活動などの拠点となる公園整備。

d. 広域的なレクリエーション活動や個性と活力ある都市，農村づくりへの対応
   ① 広域的なスポーツ・文化活動などの交流活動拠点となる公園やオートキャンプ場の整備。
   ② 歴史，伝統，文化，産業などを活かし地域の活性化に資する公園の整備。
   ③ 大都市と地方都市の広域連携による魅力ある公園の整備。

　量的な目標しか掲げられていないことは，現在でも日本における公園整備が公園の数だけで評価されていることを示している。しかし，主要課題において，長寿・福祉社会への対応などが掲げてあり，公園の果たすべき役割が拡大していることを表している。

　すなわち，現在，都市公園などは，都市の緑の中核として，活力ある長寿・福祉社会の形成，都市のうるおい創出に資するとともに，自然とのふれあい，コミュニティの形成，広域レクリエーション活動など国民の多様なニーズに対応する国民生活に密着した都市の根幹的施設であることが求められている。

　さらに，災害時には，避難地・避難路，火災の延焼の防止，ボランティアなどの救援活動拠点，復旧・復興の拠点など，の機能を発揮するなど，安全でゆとりある生活に不可欠な施設という役割も担っている。

1.2 公園と市民の関わり

1.2.1 公園と市民の間の心理的距離感

　公園と利用者の間に，ある心理的距離が存在することが指摘されており，"公園は公共のものである，だからみんなのものであるけれども，そのみんなの中に自分は入っていない"というとらえ方が一般の市民のなかにあると述べられている[4]。その理由の一つは，先に述べた現行の公園制度が欧風化政策の一環として取り入れられたことがあげられている。市民の望んでいる公園利用の仕方が考慮されず，施設整備に主眼がおかれてしまったという指摘である。

　また，別の理由として，オープンスペースを住民自らが意識的につくり出す伝統に欠けていることも指摘している。明治以前に存在した大名屋敷などの庭園や寺社境内などのオープンスペースは，市民が自覚的に生み出したものではなく，

領主あるいは名主や商人といった富裕層により設けられたものであった。このため，市民がその寺社境内などのオープンスペースの形成や管理あるいは利用方法について考えていくことは想定されず，あくまで"お上"がつくって与えてくれるものをありがたく使うという態度を取ってきたのである。このような公園に対する市民の意識は，明治以降の欧風公園制度導入後も変わることなく，公園は行政主導で計画・整備されて，そのいつのまにかできた公園を，あらかじめ定められたルールで利用するだけであった。

このような公園のとらえ方を市民がしていることから，公園の管理責任はすべて行政にあると考え，様々な苦情を行政に持ち込む。その結果，行政は問題が起きないように公園の設計を行い，また，管理も厳しくなっていく。その結果，さらに，市民と公園との距離は大きくなっていった。

1.2.2 市民参加の公園づくりと維持管理

このような悪循環を絶ち，利用者である市民と公園の結び付きをつくっていくために行われ始めたのが公園づくりへの住民参加である。自分たちの望むような公園の実現に動き出しているのである。

20年以上公園の歴史に関心を持ってきた飯沼は，その著書(1994)の中で，日本の公園について，「都市計画の中で公園は，配置すべき位置や規模が十分に検討されている。内部に設置すべき施設や遊具などの必要性についても事前の調査や研究によって抜かりないように手はずがととのっているはずである。にもかかわらず，行ってみようという気にならない。たくさんの専門家が考え抜いた末につくっているはずなのに魅力に欠けるのはいったいなぜだろうか」と疑問を投げかけている。日本では，上から命じたもの，名付けたものが公園となっていることが問題であり，公園とは本来，市民の要望・希求から生まれ，市民が利用する，市民のための装置であるべきと指摘している。そして，公園を必要とする人々の望む形と制度で公園を創り出し，運営管理していくことが必要であると結論している。

このように，公園は，元来，市民の手から生まれてきたものであることを再認識し，行政から，市民の手に公園を戻さなければならない。当然，市民はそれなりの責務を負うことになるが，満足度も高いものを生み出せるであろう。

また，行政も，公園が量的にはある程度充足してきたこと，財政的な制約から維持管理の負担を軽減する必要があることから，公園維持管理への利用者の参加を積極的に受け入れるようになってきている。

　魅力ある街をつくるためには，住民と行政がともに考え，ともに行動する参加型社会の実現が重要となっている。都市公園においても従来からの公園愛護会のような維持管理への参加にとどまらず，調査・観察，イベント企画開催，こどもの遊び指導などへの住民参加や，ワークショップ方式などによる公園づくり，公園再生が行われる事例が増えてきている。地域住民と行政の協働によるモデル事業として地域住民から愛される公園づくりを行ったり，老朽化し利用者が減少している公園を再生したりするために，住民が主体となった新たな公園づくりが行われているのである。

　このような，計画段階から市民が参加し，開園後の管理運営にも市民が参加する事例がかなり蓄積されてきており，国もそうした「市民参加の公園づくり/公園育て」を支援する方向の指針を打ち出している。平成16年2月には「都市緑地保全法」などの一部を改正する法律案が提出され，閣議決定された。その中に，"多様な主体による公園管理の仕組みの整備"に関するものがあり，公園管理者以外の者が公園施設を設置したり，管理したりすることが当該公園の機能の増進に資すると認められる場合には，公園管理者以外，すなわち行政以外の者が公園の設置や管理ができるように要件が緩和されることになったのである。

　公園のあり方とその利用の仕方を，住民自らが考え，そして責任を持つことが，ルールとして広く認められる方向へと変化しだしたのである。

1.3　自然的環境への市民の気持ち

　都市市民にとって，身近な場所での自然的環境の存在は大きな意味を持ち，周辺環境に対する満足度を決定する一つの大きな要素である。これは，都市の中で，子供が自由に遊べる空き地や市民が好きなようにくつろげるオープンスペースが失われているからである。「都市公園」は市民の豊かな遊びや多様な体験の拠点となる貴重な空間である。

1.3 自然的環境への市民の気持ち

　例えば，広島市では広島市環境基本計画策定の一環として，広島市民の環境に対する意識，周辺環境（生活環境，自然環境，快適環境）に対する満足度，望ましい広島市のイメージなどについて調査している（調査対象：広島市内に住所を有する20歳以上の者2 000名，抽出方法：住民基本台帳および外国人登録から無作為抽出，調査方法：郵送留置郵送回収法，調査期間：平成11年11月16～30日，回収状況：発送数2 000に対し，有効回収1 204（回収率60.2 %））。
　この調査において，市民の抱いている"豊かな自然環境"のイメージとしては，「河川の水や水辺がきれいである」（67.5 %），「空気がすんでいる」（64.5 %），「公園，街路樹など，身の回りに緑がおおい」（52.6 %）の各項目の割合が高い結果となっている。そして，自然とふれあう機会を増やすために望ましい場所を聞いた結果では，「水と親しむ水辺空間」と「ハイキングなどができる整備された自然公園」を6割以上の人が望ましい場所としている。他には「家庭菜園などの土と親しむ場所」（40.8 %）や「動植物とふれあい，親しむ場所」（38.0 %）の割合が比較的高くなっている。特に，市街化の進んでいる都心地域では，「家庭菜園などの土と親しむ場所」（47.8 %）の割合が比較的高くなっており，身近な場所で自然的な環境との接点が求められていることが現れている。
　この調査結果を基礎資料として策定された広島市環境基本計画（平成13年10月）において，快適な都市環境の形成に関しての課題について，以下のことが指摘されている。

① 景観資源：市民の快適環境形成に対するニーズは，環境問題に対する市民意識の高揚とも相まって高まることも予想されることから，良好な景観資源の保全や都市景観の形成のための取組みを一層推進することが必要となっている。
① 緑：緑は，二酸化炭素の吸収，市街地の気温の調節，水源のかん養などの環境保全機能のほか，生き物の生息空間の確保，レクリエーションの場の提供，植物や林産物の供給など，様々な機能を有している。また，緑は，心理的な安らぎやうるおいを与え，都市の良好な景観の形成に資するものでもある。市民が求める快適環境を実現していくためにも，森林や身近な緑の保全と緑化の推進が重要となっている。
③ 水辺：近年は，市民が水とふれあう機会は減少してきているが，（水辺は）

人々が自然とふれあうことのできる貴重な場所でもあり，快適環境づくりにとって重要な役割を担うものであることに変わりはない。今後は，この豊かな水辺環境を，豊かな生物を育む場として保全するとともに市民が生活の中で親しみ憩うことのできる場として，自然環境への影響に配慮しながら整備を進めていくことが必要である。
　④　歴史的・文化的資源：建造物，史跡，名勝，民俗文化財などの歴史的，文化的な資源は，その一つ一つが地域を取り巻く自然条件や社会条件などによって形成され，育まれてきたものであり，地域の歴史や文化を認識するための資料として，さらには人々の心を豊かにする地域の資源として，大きな役割を担っているものである。本市(広島市)においても，歴史上，学術上，あるいは芸術上価値の高いものが，国や県，市の文化財に指定されている。今後とも歴史的・文化的な資源の保存・継承に努めるとともに，これらと調和した街づくりを進めることが，より高い質の環境を創造していくうえで必要である。

以上を整理すると，市民が望む快適な都市環境を生み出していくには，
- 良好な都市景観を形成すること，
- 様々な効用をもたらしてくれる緑を保全・拡大していくこと，
- 自然とふれあう貴重な場所である水辺を市民が親しめる場としていくこと，
- 心を豊かにしてくれる歴史的・文化的資源を保存・継承していくこと，

が大切であることを指摘できる。

　これらを実践する"場"のひとつが『公園』といえる。公園の多くの面積が緑地として整備されていることから，公園が整備されていれば地域に緑や花が多くなり，その緑に集まる鳥や昆虫が生息することなどにより，街にうるおいが生まれる。また，景観が向上して地域全体のイメージがよくなり，ヒートアイランド現象や騒音の緩和や大気汚染抑制など，都市環境の改善にも貢献する。

　このように，公園は，都市景観の向上，都市環境の維持・改善をもたらし，人々に自然とふれあえる環境を提供できることから，市民自らが望んでいる都市環境を創出していくことに大きく寄与できるものである。

　農業国家であったわが国において，歴史的・文化的な意味を持たされつつ大切に保全されてきた"ため池"を活用した公園整備は，市民にとって心を豊かにでき

るものであるといえる。このため，市民が主体となって『歴史性のある水辺』を活用した公園を整備していけば，市民自身の満足感の高い都市快適環境の創出につながっていくであろう。

1.4　市民と水辺

　公園が，今の都市市民の望む生活環境創出にとって不可欠のものであることがわかった。ならば，市民にとって都市の水辺とは何であろうか。これについては本書の中で様々な視点から探求していく。そこで，本章では，これについて概観するにとどめる。

　畔柳ら[5]によると，人間と水辺との関わりには次の4つの位相のあることが述べられている。
①　居住環境条件による親水希求の生起，
②　分散行動（場所の移動）の一形態としての親水行動，
③　水辺空間に接した際の人間の反応，
④　「親水性」による居住環境への効果。

　これを踏まえて，市民の水辺との関わり，意識を考えてみる。

　まず，都市に残されたオープンスペースが極端に減少していること，人工的な空間の占める領域が増えていることなどによる心理的抑圧感を解消したいという欲求が生まれ，その結果，見渡す空間を持つ連続したオープンスペースとしての水辺空間を希求する気持ちが高まっていることである。言い換えれば，現状の居住環境や都市基盤に対する不満が生まれ，その解消策として水辺空間が要求されている状況にある。

　また，都市化が進行するほど，人間環境の安定を回復させようと，居住地域近隣への行動から長期旅行などまでを含んだ場所の移動を伴う行動である「分散行動」が増えることが指摘されており，とりわけ"自然を求める行動の増加"が顕著になるといわれている。そのため，都市化した地域の市民ほど，自然的環境を保持している水辺空間に対する希求が強まり，親水行動を実践するようになる。

　さらに，水辺空間に接すると，人々は「さわやかさ」を得られ，快適さやリフレ

ッシュ感を得ることもできる。このような心理的効果に加えて，水辺に行けば，そこを生息環境としている魚や水鳥，昆虫あるいは周辺のみずみずしい草木を見たり，触れたりすることもできる。このような，日常の生活では得られない体験が行える場としても水辺は評価される。

したがって，水辺は，都市に住む人々にとって，自らが住んでいる場所では満たすことのできない自然的要素や空間との関わりへの希求を満たしてくれるものであり，人々の生活をより豊かなものにしてくれるものである。

このため，このような水辺を持つ公園があることは，市民の生活の質を高め，"幸福感・充足感"の高い生き方を実現化する大切な要素である。

参考文献

1) 飯沼二郎・白幡洋三郎著：日本文化としての公園，八坂書房，1993.
2) 丸山宏著：近代日本公園史の研究，思文閣出版，1994.
3) 石川幹子著：都市と緑地　新しい都市環境の創造に向けて，岩波書店，2001.
4) 小野佐和子著：こんな公園がほしい　住民がつくる公共空間，築地書館，1997.
5) 畔柳昭雄・渡邊秀俊著：都市の水辺と人間行動－都市生態学的視点による親水行動論，共立出版，1999.

第2章
ため池からの公園づくり

　市民がこれからもずっと日々の生活を営んでいく"場"である「都市」の環境を，市民が望むようなものにしていくためには，公園を"都市景観の形成"，"緑の保全・拡大"，"自然とのふれあい"，"歴史的・文化的資源の保存・継承"という視点でつくり育んでいくことが大切である。このような公園づくりは，行政によって与えられるのを待つのではなく，市民自らが考え，責任を持って育てていくべきものである。

　また，都市において『水辺』は，都市住民にとって，自らが居住する場所では満たされることのなくなった"自然との関わり"を望む心を満たしてくれるものである。

　このようなことから，水辺を持つ公園は，市民の日々の生活の質を高めてくれる要素となる。

　都市の中の水辺空間としてすぐに思い浮かべるのは"河川"であろう。都市の多くは川に沿って発展してきており，"水の都"と呼ばれる街も多い。その一方で，都市周縁部の住宅地など，急速に都市化したような地域では，古い時代から農業用に人々の手によって整備されてきた"ため池"が点在しているが，その多くは，農業用水供給源としての役割を失い，人々から忘れ去られた存在になっていることが多い。このため，柵によって周辺とは隔離された空間となっていたり，ごみを投棄されたりして，人々に好まれない空間となっている。しかし，ため池は，その街の歴史的なバックボーンに関わりを持つ都市の中に残された貴重な水辺空間である。

　そこで，本章では，このため池を公園に活用することと，それが私たち市民にもたらしてくれるものについて考えてみる。

2.1 都市の中のため池

2.1.1 ため池を巡る情勢

　ため池は，本来，農業用のかんがい施設であり，雨の少ない瀬戸内海地域などにおいて農業用水を確保するため大和時代からつくられ始めた。ため池は農業用水の主要な水源として重要なものであったのである。

　しかし，このようなため池が整備されてきたような地域は，平坦な水田地域，畑作地域であり，都市域の拡大によってこれら農地が宅地や道路などに置き換わっていくとともに，その農業用水のかんがいという利水機能のウエイトは減少してきた。

　そして，都市近郊における水田・畑地の宅地化や農業の廃業，中山間地域では過疎化などによって，ため池が農業用水として利用されなくなって維持・管理が不十分となっているところが見受けられるようになった。そのようなため池では，水質汚濁，ごみの不法投棄などの問題が発生したり，危険な施設として邪魔者扱いされたりする状況が生じてきた[1,2]。

　だが，このようなため池を取り巻く状況は，近年，社会的・経済的な環境変化により変化しつつある。農業用水としてのみならず都市における洪水調整池，水と緑の快適空間としても価値が見直され，新たな視点に立ったため池整備が求められるようになっている[3]。

　ため池はかんがい機能だけでなく，浸水対策などの治水機能，オープンスペースを提供する機能，余暇のための空間を提供する機能，ビオトープなどの生物生息環境を提供する機能など，多面的な機能を有している。そのため，農業生産のための資源としてだけではなく，市街地における快適な環境を創造する資源として再評価されるようになってきている。特に，都市ではため池を水と緑の快適空間として利用したいというニーズが強い。

　このような市民のニーズに応えるためには，ため池の"水辺空間"としての環境資源価値を積極的に活かすことが必要である。そのためには，ため池が本来持つ多様な生態系とのふれあいやすさを考慮し，その価値を利用者が感じることのできる整備を行わねばならない。また，このような周辺環境整備と同時に，水質面

のマイナス要素を改善することも必要である。

2.1.2 ため池の公園への活用例

大阪府では,このような情勢を受ける形で,全国に先駆けて,ため池の総合環境開発事業として「オアシス構想整備事業」が行われた。

大阪府には約12 000箇所,総面積2 500 haに及ぶため池があり,そのうち約2 600箇所がおおよそ600 m^{2}以上の水面面積を持つため池であり,大阪府下における貴重な水辺となっている[4]。

オアシス構想整備事業は,大阪府下にあるため池を「水とみどりに包まれたオアシス」として再生させようとするもので,1991年6月に「ため池整備基本構想」が計画された。この計画では,親水性を高める整備や地域社会でそのため池を管理するためのコミュニティ組織づくりを進めている。

オアシス構想では,河川の整備とは違い,市民による計画,管理が重視されて「ため池環境コミュニティ」の設立が掲げられている。すなわち,単なるハード面の整備だけでなく,市民参加型で新たな地域管理機構をつくる考え方である。

オアシス構想の柱とする考え方は,
① 自然と人間,歴史・伝統と新しい文化,農業者と都市住民,原風景と未来風景がともに調和し,共生するため池づくり,
② 人々がともにため池を守り,地域への愛着を高める,ともに集い,ふれあう,ともに自然を守り,環境を見つめ直す,ため池を核とした新たな地域環境づくり,

である。この2つを柱としたオアシス構想が提案するこれからのため池の整備は,農業利水や地域防災機能の整備を基本としつつ,個々の池の歴史的背景,地域特性などに応じて,アメニティ,エコロジー,アミューズメント,カルチャーなどの多様な機能を組み合わせ,老人から子供たちまで広く関わることのできる,それぞれのため池の特色を生かした保全・活用を進めるものとなっている[1](**表-2.1, 2.2**)。

- アグリカルチャー:農業用水として利用できるように水質浄化,堤体,取水施設の改修を行う。
- セキュリティ:災害時の防災空間として利用できるようにする,また遊水機

第 2 章　ため池からの公園づくり

表-2.1　ため池の多面的機能の保全と活用

主な機能	キーワード	整備方針	整備内容
農業の振興	アグリカルチャー	① 総合的な水質浄化対策 ② 良好な農業用水を確保するため，農業施設として整備する	① 老朽化した堤体・取水施設などの改修 ② 池底に堆積した汚泥の浚渫 ③ 生活排水の改善 ④ 内水面養殖漁業（漁業振興の一環） ④ 釣り施設の整備
安全な街づくり	セキュリティ	① ため池の老朽化対策 ② ため池遊水機能の有効活用 ③ 降水時における地域防災上の安全向上	① 防災テレメータシステムによるため池の水位などの監視→円滑な水防活動 ② 都市域における地震・火災などの災害発生時の防災空間，緊急時の防火用水としての活用
快適環境の創造	アメニティ	① 歴史的背景，市街地・農村などの立地条件に応じた空間・景観づくり ② 堤体の緑化や水位変動に応じた水際整備	① ため池内水難事故防止のための整備 ② 修景・親水性などに配慮したアメニティ豊かな柵，護岸などの導入
自然環境の保全	エコロジー	① 四季を通じて多様な生き物が自然の生態系の中で生息できる場 ② 貴重な動植物の保護池としての保全	① 動植物の生態系に配慮した護岸の整備や水質浄化 ② バードサンクチュアリや自然観察園などの保全・整備
地域住民の楽しみ	アミューズメント	① 水面・周辺地域を含めた身近なレクリエーション空間 ② 老人の憩い・健康の場，子供たちの遊び場	① ため池を周回する遊歩道の整備 ② スポーツイベントやウォークラリーなど各種イベントの開催 ③ ため池の空間を活用した文化・スポーツ施設
教育・文化の推進	カルチャー	① 教育・文化の推進 ② 環境学習，生涯学習の場として活用	① 水文化に関する掲示板や資料館，自然観察園などの整備 ② ため池の歴史・文化教室，自然観察などのサークル活動の実施

表-2.2　ため池保全に向けた整備

街づくりとの連携	① 区画整理，公園整備あるいは公共施設などの街づくりと協調 ② 周辺の土地利用状況を考慮した水辺づくり
個性のある水辺の創出	① 池固有の歴史，ふるさとの生き物，四季折々の彩りを演出する樹木や花木などの活用 ② 各池の個性ある水辺創出
ため池群の保全と活用	① 地元市町村が中心となった「ポンド・ディストリクト」の設定 ② ディストリクト内のため池群の総合的整備

能を活用し洪水防止に役立て，防火用水としても活用する。
- アメニティ：水と緑が調和した美しい快適空間・景観をつくり，自然とのふれあい・やすらぎの場として整備する。具体的には，修景・親水性を考慮した柵，護岸の導入，遊歩道である。
- エコロジー：野鳥や淡水魚，水生植物など，四季を通じて多様な生き物が自然の生態系の中で棲息できる場として整備する。
- アミューズメント：水面・周辺と含めた身近なレクレーション空間（スポーツ広場，多目的施設など）として整備する。
- カルチャー：周辺住民の生涯学習の場として活用するために，ため池の歴史・環境保全の学習施設や自然観察園の整備。

「大阪府オアシス整備構想」を，ため池公園としての利用の観点から要約すると，以下のとおりとなる。
① 広く府民が関わりを持てるように整備する。
② ため池の持つ親水機能を生かし，水と緑が調和した快適空間として整備する。
③ 貴重な動植物の生態系に配慮し，利用者の環境教育の場として整備する。

すなわち，ため池周辺の住民が参画して，池を中心とするコミュニティを形成しながら，池とその周辺エリアに快適な空間を創造していくものである。

2.2 市街地にあるため池の公園としての再生

ここでは，市街地にあるため池を公園として再生した事例を取り上げ，その整備手法を概観してみる。

2.2.1 摂津市　市場池

摂津市北西部に位置する市場池公園はオアシス整備構想により整備されたため池公園であり，密集市街地内にある貴重なオープンスペースとして市民に歓迎されている。市場池公園を概観した様子を写真-2.1に示す。

市場池における整備事業は，地区公園としての整備を計画した「市場池公園整

写真-2.1　市場池公園の概観

[整備内容]
地下水取水設備，用水ゲート施設，消防採水施設，親水護岸園地（水生植物園），遊歩道 460 m，じゃぶじゃぶ池，音楽噴水，アスレチック遊具，東屋，便所，オアシス広場

[ため池環境コミュニティ]
●名称：あわーず市場池愛護会
●設置年月：平成 9 年 3 月
●構成：味舌上町会（市場・竹の鼻・中内自治会）
　　　　市場・竹の鼻・中内実行組合
　　　　市場・竹の鼻・中内の婦人会，老人会，こども会
●活動内容など：
　◎計画段階：池の環境，利用内容の検討
　◎実施段階：計画の検討
　◎管理段階：'98 オアシス・クリーンアップ・キャンペーン実施，年 1 回クリーンアップ活動，水生植物の管理，水鳥の世話

[諸元]
●堤高 4.0 m/●堤長 200 m/●貯水量 23 000 m^3
●満水面積 1.6 ha/●事業期間 H4～H6

（大阪府農政室「大阪あぐり REPORT」HP より）

備基本設計」をもとに，大阪府の推進する「オアシス構想」の整備方針にのっとった実施設計を行うことを目的として実施されたものである[6]。

　整備内容は，オアシス施設設計，および水質保全計画の設計の 2 つに大別さ

2.2 市街地にあるため池の公園としての再生

れる。施設設計においては，主に農業用水の取水設備，基盤の造成のほかに，ため池の持つ機能性を有効に活用するために，ため池が水景施設を含めた4つのゾーンに区切られた。この4つのゾーンの施設とその目的・工夫を表-2.3に示す。

① アグリカルチヤーゾーン：オアシス整備の最重要課題である農業用水の確保は，揚水井より地下水を取水する方法を採用し，また非常時に備えた従来の正雀分水路も残されている。さらに農業用水としての利用の際は，電気設備の導入による自動制御の用水管理を可能にした。

用水施設の整備とともに，水質の保全に関連して，水流器(**写真-2.2**)を

表-2.3 施設の目的と工夫[2]

ゾーン名	施設名	目的と工夫
アグリカルチャーゾーン	用水ゲート	① 農業用水の確保 ② 住民の要望である自動制御装置の設置
	ため池	① 防火用水池としての機能 ② 農業用水の確保
	水流器	水質保全
アミューズメントゾーン	ケヤキ並木	木陰での休息
	石張り舗装	豪華さの創造
	アルミ製の柵	① 安全性 ② デザインを場に合わせ波のイメージをもとにリズミカルな雰囲気にしている
	ジャブジャブ池	音と水の調和を表す音楽噴水の形成
	芝生の築山	軽いスポーツで汗を流す
	フィットネス遊具	軽いスポーツで汗を流す
	ベンチ	くつろぎの空間
	クスノキ	公園のシンボル化
エコロジーゾーン	多孔質の自然石護岸，ガラ場の整備や仕掛け	小動物の生息の推進
	ヨシ，ガマ，マモコ，ヒシ	水質浄化
	植栽	① 視覚的なエコロジーゾーンの強調 ② 修景施設
アメニティゾーン	湖畔道	ジョギング，散策，管理道
	舗装材	自然色舗装による景観配慮
	水辺ふれあい広場	① 八つ橋，あづま屋などの休憩施設 ② 親水空間の提供

写真-2.2 水流器

4基設置している。

② アミューズメントゾーン：地域住民が集う憩いの場の提供として，東側のエントランス広場，西側のわんぱく広場を中心とした東西2箇所に分かれたこのゾーンが設置されている。

エントランス広場はジャブジャブ池（**写真-2.3**）を中心に，野外ステージ風広場と階段ステージに取り囲まれ，豪華さの出る石張り舗装，木陰で休憩できるケヤキ並木，またジャブジャブ池内には，季節により異なる音楽を奏で，曲にあわせて水柱の高さを変える音楽噴水が設置され，利用者が楽しめる広場となっている。さらに安全面を考慮して，池と野外ステージの間には波をイメージしたアルミ製の安全柵が設けられている。

西側のわんぱく広場には，中央に芝生の築山が設けられ，軽い運動のでき

写真-2.3 ジャブジャブ池

るフィットネス遊具を5基有している。同時に，池の水面を眺め，ゆっくりとくつろぐことのできる快適なベンチが設置されている。
③ エコロジーゾーン：池の北西側の水辺はエコロジーゾーンとして位置付けられ，野鳥やトンボ，水生動植物（**写真-2.4**）などが生育できる自然度の高い環境の整備が施されている。

水位変動に応じた干潟や水たまり，また多孔質の自然石護岸，ガラ場の整

写真-2.4 水生植物園

備や仕掛けによって小動物に対する生息の場となるように整備されている。

④ アメニティゾーン：池を中心として，北および南側にはアメニティゾーンが位置付けられ，池周辺はより自然に近い配色と材質に工夫がなされた舗装によって，景観的にも配慮された湖畔の道として，ジョギングしたり，散策したりできる周遊路（**写真-2.5**）が設けられている。

写真-2.5 遊歩道

南側のゾーンでは，水辺ふれあい広場として，八つ橋，あづま屋の休憩施設(写真-2.6)が配置され，利用者に親しまれる親水空間の創造を図っている。また水辺ふれあい広場は水深が 20 cm 程度に設定され，水辺へは簡単に近づくことができる。また，ハス，アシ，ハナショウブ，カキツバタなどの植栽や田土を用いた土壌により，水生植物の生育環境の場としての整備が

写真-2.6 休憩所

施されている(摂津市 1994)。

市場池公園の整備においては，訪れた人々が水と親しめるように表-2.4 に示

表-2.4 対象池における親水性への配慮事項[2]

施設，設備	設置状況	目的，内容
ジャブジャブ池	エントランス広場内に設置 水道水による水源の確保 急速濾過器による水質保全	夏期の子供の遊び場
傾斜護岸	石垣により設置	自然に近づけるため，自然石による護岸
水生植物	池の北西部と南東部に設置	小動物の生息場 水質浄化 整備前の水生植物を利用
池周囲の鉄柵	池周囲に約 1.25 m の高さで設置	転落防止 周りの景観に配慮したデザイン(波形)
浮島	水質浄化のための水流器を浮島として設置	水質浄化 景観を崩さないように浮島として設置
遊歩道	池周囲を舗装	ジョギング，散歩などを目的として設置
休憩所	池南部と北西部に 2 箇所設置 一つは池の外部に，もう一つは池の上に設置	水面を眺められるように設置

すような配慮が行われた。

この表にあげたような親水性に配慮した施設が設置されているが，石垣の護岸や浮島に対して人工的なイメージを持たれたり，休憩所には深夜に少年たちが集まって落書きをするなど風紀が悪くなったりと，問題点も残されている。

対象池の富栄養化に対して，水生植物による浄化のみでは，①栄養塩類の除去効果に関する明確なデータの不足，②水生植物の枯死に対する維持管理，③時期的な栄養塩類除去効果の偏り，などの問題が考えられる[7]ため，全面的に期待をかけることができない。そこで富栄養化現象を最小限に抑えるための水質保全機器が導入された。導入されている水質改善対策を表-2.5に示す。

表-2.5　対象池における水質改善対策[2]

対策	設置状況	効果
水流器	池内に4基	水に流れを与えることにより，澱みを解消し藻類の発生を抑制する
水生植物	ヨシ，オニバス	池水中の栄養塩類（窒素・リンなど）の除去
地下水による水源確保	揚水井の設置	農業用水の確保
急速濾過器（ジャブジャブ池）	上向流式急速濾過装置	ろ材の撹拌による池水の洗浄
殺菌（ジャブジャブ池）	噴水式紫外線殺菌装置（UV放射による殺菌）	微生物全般（カビ，ウイルスなど）に対して殺菌効果がある
噴水（ジャブジャブ池）	池内に3箇所設置	池水を空気に触れさせる。景観がよい

対象池の池水は，鉄，マンガンが多く，空気と接触すると酸化し，池水色相の変色・着色が起こり，景観の悪化につながる。そのため水中散気管，あるいは曝気装置を導入すると，同様に変色・着色の現象を引き起こす可能性があるために使用できないことから，水流器が選定された。

水流器による撹拌は，水の対流を防ぎ，循環を促すだけでなく，躍動的な水の動きにより，景観上のアクセントともなりうるが，その一方で，水流器により池底泥の巻き上げが起こり透視度の低下を招くこともある。実際，対象池では底泥の巻き上げによる透視度の低下を招いている。利用者は水質を視覚的に判断するため，水質的にはきれいになった水であっても，利用者にとってはさほど水質が

改善されているようには見えない状況を生みだしてしまっている。

　対象公園のある大阪府摂津市の 1 人当り公園面積は 3.6 (m^2/人) であり，大阪府の平均 4.3 (m^2/人) を下回るものである。また，摂津市には街区公園と近隣公園しか存在しないため 1 人当り公園面積は近隣都市と比べ狭くなっている。さらに，摂津市には緑地も少なく，都市面積比率から見ても公園・緑地面積は狭い。以上より，自然的環境を提供できる水辺のある公園に対する希求度は高いことが予想できる。

　このような状況から，摂津市では，市場池はため池として長い歴史の中で地域の人々の暮らしを守り，豊かな自然環境を育み大きな役割を果たしてきた摂津市内に残された唯一の「ため池」と位置付け，この歴史的遺産である市場池を農業施設や消防水利として生かしつつ，都市生活に"やすらぎ"と"うるおい"を与え，都市・農業・自然が共生し，魅力ある水とみどりのオアシスとして総合的に整備するために，市場池オアシス事業(ため池環境整備事業)を行ったものである。

2.2.2　高槻市　小寺池

　私鉄駅近くに位置し，図書館と隣接している。ため池水の浄化が，水生植物，水中曝気式噴水，木炭浄化装置，浚渫によって実施されている。水生植物広場，案内パネルなどのカルチャー施設が充実している。ほかに，アメニティ，エコロ

```
[整備内容]
園路，広場整備，水質浄化施設(木炭浄化，水流発生装置)，植栽，水上デッキ，地元小学校によるタイムカプセル埋設
[ため池環境コミュニティ]
●水利組合，周辺自治会による維持管理
[諸元]
●堤高 2.0 m/●堤長 120 m/●貯水量 9 000 $m^3$/●満水面積 1.1 ha/●事業期間 H7 ～ H9
```

(大阪府農政室「大阪あぐり REPORT」HP より)

2.2 市街地にあるため池の公園としての再生

写真-2.7 小寺池の眺望
(特徴；水辺で休息できる水上デッキなど)

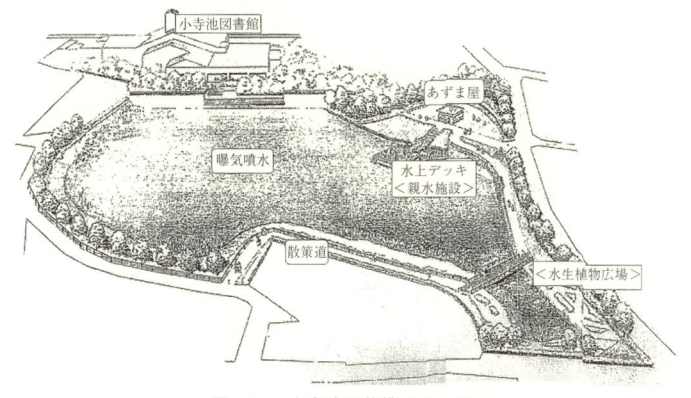

図-2.1 小寺池の整備イメージ

ジー，セキュリティの各基本理念に基づいた設備が整備されている。

　小規模なため池公園であり，その周囲に配置されたベンチ，あずま屋により水辺で休息できるように配慮。また，池上部に張り出した「水上デッキ」の上にもベンチが設けられ，池水や鳥を眺めることが可能である。

2.2.3　堺市　菰池

　私鉄の高架橋が公園上を通過している市街地に位置する比較的規模の大きなため池公園である。水質浄化施設が設置され，親水護岸，せせらぎ水路，堤防の緑化，遊歩道，あずまやなどのアメニティ施設が充実している。ほかに，エコロジー，セキュリティ，アミューズメントの各基本理念に基づいた施設が整備されて

いる。

　池の周りに散策道が整備されており，随所にため池に流入する水路を利用した親水施設や，ため池にアプローチできる施設が設置されている。また，芝生の広場や，高台にはあずま屋などが設置されており，ため池全体が展望できるように配慮されている。

［整備内容］
遊歩道 1 180 m，修景護岸 1 119 m，水質浄化施設（接触酸化水路 160 m，栽培池 8 000 m^2），花卉農園 3 520 m^2，多目的広場 16 000 m^2，植栽（高木 800 本，低木 12 800 株），せせらぎ水路 120 mm（2 箇所）

［ため池環境コミュニティ］
●名称：菰池，下池美化管理委員会
●設置年月：平成 6 年 1 月 1 日
●構成：土塔町/老人会，婦人会，子供会
　　　　土師町/子供会，体育会
　　　　新家町/老人会，婦人会，子供会
●活動内容など：
　◎1994 年オアシス・クリーンアップ・キャンペーン実施
　◎毎月 1 回菰池，下池周辺のゴミ，空き缶などの収集ならびに撤去を行う
　◎年 1 回菰池，下池クリーンアップキャンペーンに参加する

［諸元］●堤高 6.2 m/●堤長 145 m/●貯水量 104 000 m^3
●満水面積 5.4 ha/●事業期間 S62 ～ H5

（大阪府農政室「大阪あぐり REPORT」HP より）

写真-2.8　菰池の眺望
（特徴；柵がなく水に入れるように配慮，広い池の周りに緑化された散策道）

2.2 市街地にあるため池の公園としての再生

図-2.2 菰池の整備イメージ

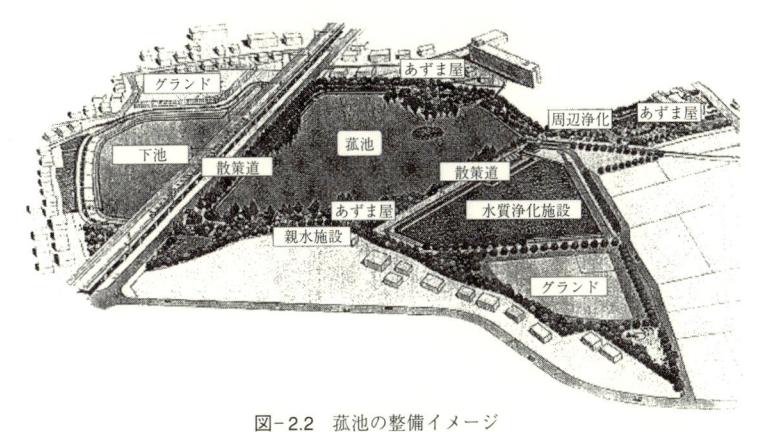

表-2.7 菰池公園の整備内容

構想理念	① 『人・水・緑』をテーマに，ため池本来の利水・治水機能を回復させるとともに，水生植物などを利用した水質改善と，余剰水面を埋め立てることにより，多目的広場・遊歩道・緑地などの周辺整備を行い，人と水がふれあえるオアシス整備事業の実施 ② 目標として以下の4つをあげている。 　a. 利水・治水機能の維持 　b. 水質改善によるかん養機能の回復 　c. 水辺の整備による親水空間の創造 　d. 地域活動の援助	
施設の概要	アメニティ	護岸の階段構造，せせらぎ水路，堤防の緑化，遊歩道，あずま屋，泥土のセメント系硬化剤による固化
	エコロジー	スクリーン・沈砂池，硫化式接触酸化水路，栽培地(ホテイアオコなどの浄化)，水質浄化施設，花奔施設(土壌浄化システム)
	セキュリティ	低木・浅瀬の設置
	アミューズメント	多目的広場，グランド

2.2.4 羽曳野市　伊賀今池

　小学校に隣接するため池公園である。水質浄化は，接触酸化水路，水生植物，水中曝気式噴水によって行われている。多目的広場，総合遊具広場ゾーンのアミューズメント施設が充実している。ほかに，アメニティ，エコロジー，カルチャーの各基本理念に基づいた施設が整備されている。

　田園が残る住宅地域に存在する小規模なため池公園で，ため池の水に直接触れることのできる親水施設や多目的広場，子供の遊具，散策道などが整備されている。

[整備内容]
修景施設(植栽,張石護岸 650 m²,せせらぎ水路 14 m,レンガ舗装,自然色舗装,噴水 2 基)
休憩施設(ベンチ 11 基,自然石ベンチ 5 基)
遊戯施設(スポーツ広場 740 m²,遊具広場 350 m²,木製遊具 1 基,八つ橋 1 基,親水広場 350 m²),
便益施設(水飲み 1 基),
管理施設(照明灯 6 基,時計 1 基,水質浄化水路 他)

[ため池環境コミュニティ]
- 名称:ふれあう水辺づくり委員会
- 設置年月:平成元年 7 月
- 構成:町内会,実行組合,水利組合,老人クラブ,婦人会,子供会,市
- 活動内容など:
  ◎学校の教材として,親水ゾーンの水生植物を利用
  ◎植栽などの維持管理,多目的広場・遊戯広場,親水ゾーンの管理

[諸元]
- 堤高 1.5 m/● 堤長 56 m/● 貯水量 2 000 m³/● 満水面積 0.4 ha/● 事業期間 H2

(大阪府農政室「大阪あぐり REPORT」HP より)

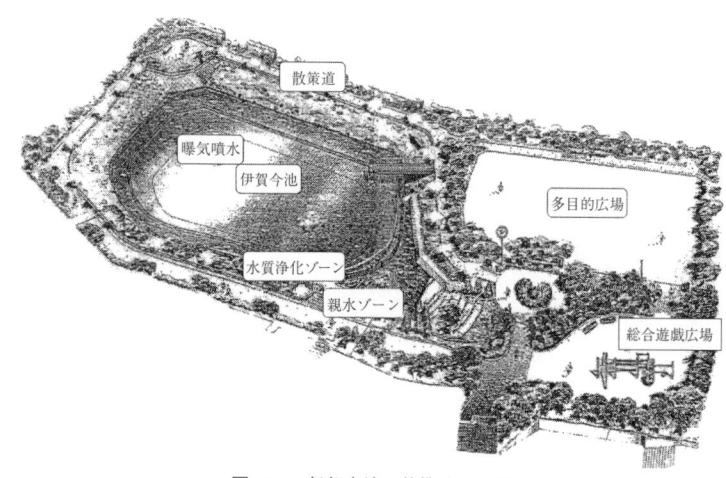

図-2.3　伊賀今池の整備イメージ

2.3 公園として再生されたため池の評価

写真-2.9 伊賀今池の眺望
(特徴；水の中に入れる親水施設，子供の遊具，多目的広場などが整備)

表-2.8 伊賀今池公園の整備内容

構想理念	①ため池に対する「フェンスで囲まれた汚水」又「閉鎖された水面空間」といった都会人の持つ悪いイメージから脱却し真に親しまれるための環境創出を目的とし，都市が求める「うるおい」を水辺空間に見いだし，水と緑が調和した快適環境づくりを目指す。 ②次の5点に基づき整備を行う。 　a.老朽化したため池の改修 　b.快適環境の整備 　c.自然環境の保全 　d.府民の楽しみ 　e.教育文化の推進	
施設の概要	アメニティ	周辺の緑化，遊歩道の整備，張石による護岸
	カルチャー	親水広場
	エコロジー	噴水親水浄化水路，せせらぎ水路，水中曝気式
	アミューズメント	スポーツ広場，遊戯広場，ふれあいゾーン
満水面積	0.24 ha	

2.3 公園として再生されたため池の評価

2.3.1 公園の利用状況

　ため池周囲を公園として整備した「ため池公園」は，市民にどのように利用され，また，評価されているのであろうか。これについて，実際に，公園を利用している市民に直接尋ねてみた。
　まず，これらのため池公園の利用頻度はどのくらいであるかについて調査した結果，公園の状況により異なるが，半数以上の利用者は週に2～3回以上は利

用していることがわかった(図-2.4)。筆者らが，他の公園の利用状況を調査した結果では，ニュータウン内にありながら特に特徴のない公園では，利用者のうち週に2～3回以上利用している人は20％程度であった。このことと比較すると，ため池公園の利用頻度は高いものである。また，池水面積が5haを超えるような規模の大きいため池公園(菰池公園)では利用者の半数以上はほとんど毎日利用していた。このような比較的規模の大きなため池公園は，犬の散歩や，ジョギング・ウォーキングなどを行う場として活用されている。

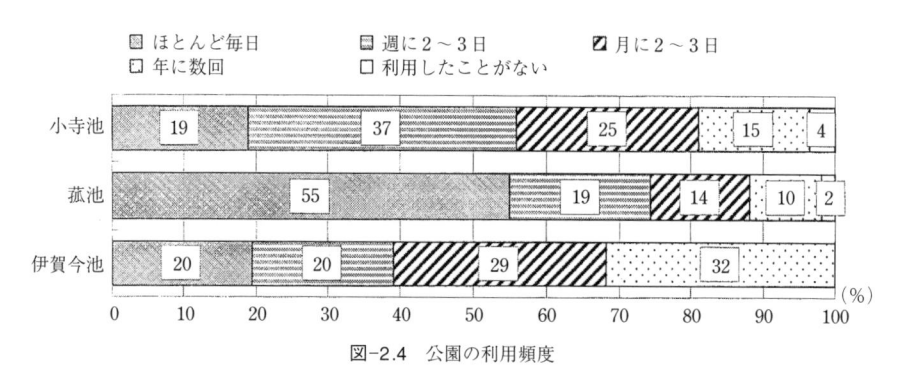

図-2.4 公園の利用頻度

では，整備することによって，どのくらい利用されるようになったのであろうか。市場池公園で調査した結果，ため池を公園に整備することで市民の利用する頻度は大きく高まっている。ほとんど毎日利用する人々は倍増しており，利用者の半数以上は週に数回以上利用している(図-2.5)。また，これまで年に数回程度しか利用していなかった人，全く利用したことがなかった人の多くが，ほとん

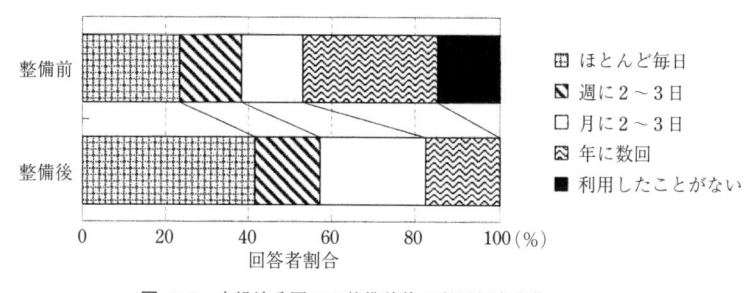

図-2.5 市場池公園での整備前後の利用頻度変化

2.3 公園として再生されたため池の評価

ど毎日利用するように変わっている(**表-2.9**)。この公園は,整備によって毎日訪れたくなるような公園に変身できたといえる。

表-2.9 利用頻度の変化

整備前の利用頻度	現在の利用頻度	人数
ほとんど毎日利用	ほとんど毎日利用	21人
	週に2～3回利用	2人
	月に2～3回利用	0人
	年に数回利用	0人
週に2～3回利用	ほとんど毎日利用	3人
	週に2～3回利用	11人
	月に2～3回利用	0人
	年に数回利用	1人
月に2～3回利用	ほとんど毎日利用	1人
	週に2～3回利用	2人
	月に2～3回利用	11人
	年に数回利用	1人
年に数回利用	ほとんど毎日利用	12人
	週に2～3回利用	7人
	月に2～3回利用	4人
	年に数回利用	10人
利用したことなし	ほとんど毎日利用	6人
	週に2～3回利用	3人
	月に2～3回利用	1人
	年に数回利用	5人

次に,どのような目的で,ため池公園が利用されているのかを市場池公園において調べてみた。「子供を遊ばせる」ために来園している人が 19.3 % と最も多く,次いで「散歩・散策」の 16.0 %,「広場で遊ぶ」の 12.7 % が多い目的であった(図-2.6)。これら3つの目的で訪れている人を合わせると全体の半数近くに達する。20 代・30 代の小さい子供連れの主婦層の利用が多いことや,お年寄りや小中学生の利用が多いことによるものであろう。また,ため池公園の特徴である「水辺で遊ぶ」ことを目的とする人々も結構いる。

もう少し,来園の目的を整理してみると図-2.7 のようになる。これは,個々

第 2 章　ため池からの公園づくり

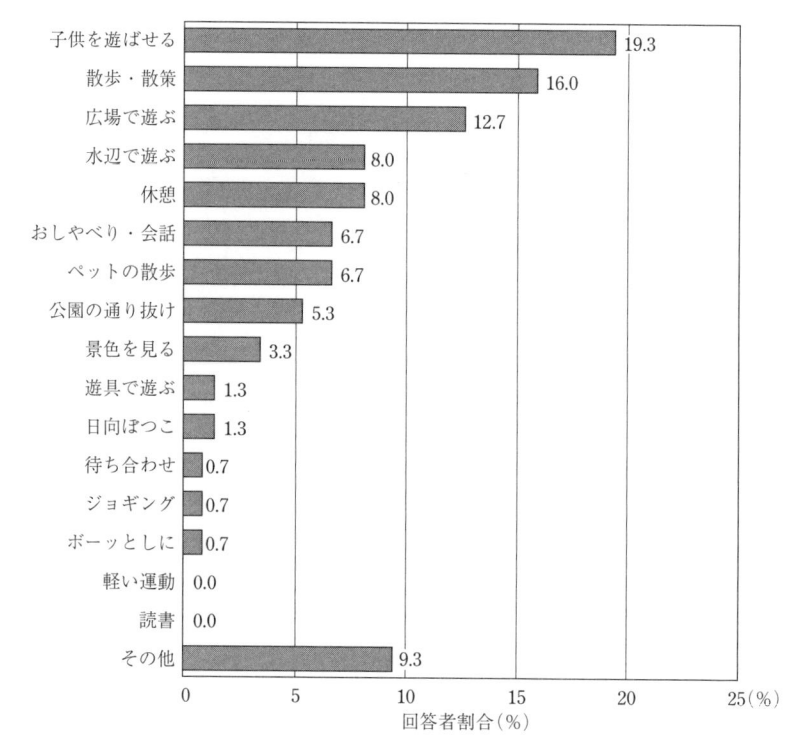

棒グラフ	
子供を遊ばせる	19.3
散歩・散策	16.0
広場で遊ぶ	12.7
水辺で遊ぶ	8.0
休憩	8.0
おしゃべり・会話	6.7
ペットの散歩	6.7
公園の通り抜け	5.3
景色を見る	3.3
遊具で遊ぶ	1.3
日向ぼっこ	1.3
待ち合わせ	0.7
ジョギング	0.7
ボーッとしに	0.7
軽い運動	0.0
読書	0.0
その他	9.3

回答者割合(%)

図-2.6　公園に来た目的(市場池公園)

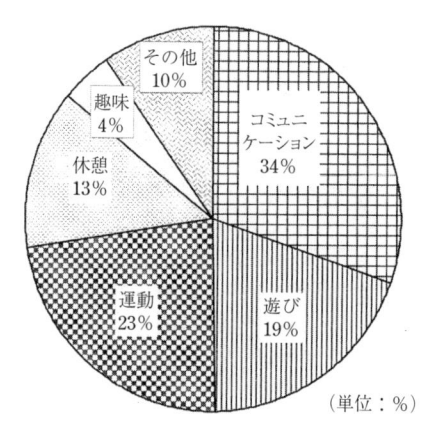

- コミュニケーション 34%
- 遊び 19%
- 運動 23%
- 休憩 13%
- 趣味 4%
- その他 10%

(単位：%)

図-2.7　来園目的(カテゴリー)

2.3 公園として再生されたため池の評価

の目的を**表-2.10**の内容でカテゴリー分類したものである。なお，「散歩・散策」が"運動"と"趣味"の両方のカテゴリーに含めているのは，ウォーキングエクササイズとして早足で散歩している人もいれば，ゆっくりのんびりと散歩している人もいるためである。

表-2.10 カテゴリーの内訳

カテゴリー名	対応する来園目的
運動	散歩・散策，ジョギング，ペットの散歩
コミュニケーション	子供を遊ばせる，おしゃべり・会話，まちあわせ
遊び	広場で遊ぶ，水辺で遊ぶ，スケートボード
休憩	休憩，景色を見る，ひなたぼっこ
趣味	散歩・散策，釣り，ゲートボール
その他	公園の通り抜け，清掃活動

　この結果を見ると，このため池公園は"コミュニケーション"の場として利用されていることが多く，小さい子供連れの主婦層が子供たちを遊ばせながら，おしゃべりを楽しむのにほどよい場所として活用されているようである。
　また，池の周囲をぐるりと散策できるように遊歩道が設けられているため，これを利用して散歩やジョギングしたり，あるいはペットを連れて歩いたりする，日常的な軽めの運動をする場としての活用も多いことがわかった。これらの利用は，比較的中高年齢層で多い傾向が見られた。そして，小中学生を中心とする若年層では，「広場で遊ぶ」，「水辺で遊ぶ」など，やはり公園であるから"遊び"の場として活用している。
　このような利用層毎に顕著に見られた利用目的は，他のため池公園でも同様に見られるものであろうか。
　他の3公園での調査結果を見る（**図-2.8**）と，どうも公園の形態と規模によって利用する目的に差がある。
　各ため池公園での利用目的で多いものをあげてみると，

　　　市場池公園(1.6 ha)　　1. コミュニケーション　2. 運動
　　　小寺池公園(1.1 ha)　　1. 休息(休憩)　　　　　2. 趣味
　　　菰池公園(5.4 ha)　　　1. 運動　　　　　　　　2. 趣味
　　　伊賀今池公園(0.4 ha)　1. コミュニケーション　2. 遊び

第 2 章　ため池からの公園づくり

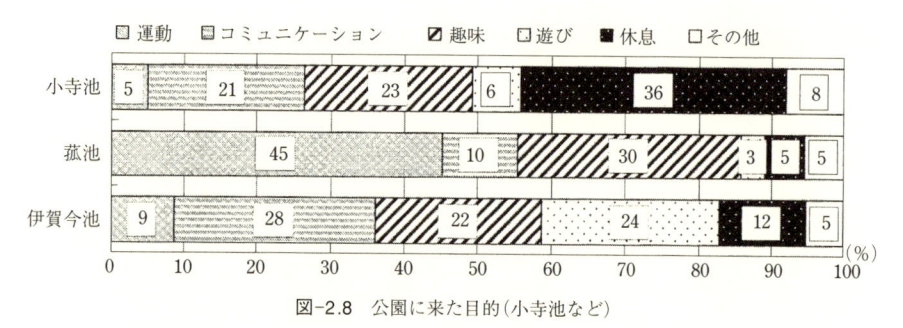

図-2.8　公園に来た目的（小寺池など）

となる。なお，（　）内の面積は，各公園内にあるため池の満水面積である。

　公園規模が大きく，池の周囲にある遊歩道をぐるりと回ると 1 km 程度あるような公園（菰池公園）では，このため池とその周囲の緑を見ながら遊歩道を使ってジョギングやウォーキングするといった動的な利用が主に行われているようである。すなわち，ため池が広く，公園がこれを取り囲むように形作られている場合には，この場を移動しながら利用する（歩く，走る）形態が多く見られるようになるのである。

　一方，池面積が 1 〜 2 ha 程度である場合には，木陰で集まったり，ベンチなどに腰掛けたりして，おしゃべりをしたり，ゆっくり休息したりするといった，どちらかというと静的な利用が多くなる。また，この程度の面積であっても，比較的広めの公園であると軽い運動をしに公園に訪れることも多くなる。

　同じように，ため池を取り囲むように整備した公園であっても，利用する市民がその公園で求めることは異なってくるのである。

2.3.2　公園の誘引力

　それぞれの形態や規模に沿った目的で利用されているため池公園であるが，これら公園は，どれくらいの人々を惹き付ける存在となっているのであろうか。これを確かめるため，ため池公園からの距離によって，その公園を知っている人の割合がどう変わるのか，また，利用したことがある人の割合はどのように変わるものなのかを調べた。

　ため池公園からの距離により，ため池公園周辺地域を半径 250 m 未満，250 〜 500 m 未満，500 〜 750 m 未満の 3 段階に区切り，各区域におけるため池公園の

2.3 公園として再生されたため池の評価

認知状況(知っているかどうか)と，利用状況を調査した。これら区域の設定には，近隣住区理論による近隣公園の誘致距離が 500 m，地区公園が同 1 000 m であること，一般の人が公園に来る際の歩行限界が 500 〜 600 m といわれている(加藤忠雄，1982)ことを参考に設定した。

なお，訪問する世帯数は，各区分域で訪問する世帯数に偏りが生じないように，その地域での必要な調査世帯数を統計的に算出して決定した。

(1) 認知状況

ため池公園は，一般的な公共施設と同様に公園から離れていくほど，公園のことを知っている人の割合は低下していく(図- 2.9)。公園からの距離が 250 m 未満の区域では住民の 80 ％以上が公園のことを知っている。公園からの距離が 250 m を超えると，知っている住民の割合は明らかに低下し，知っている住民の割合はほぼ公園からの距離に比例して低下している。1 分間に 60 m 歩くとすると，250 m ÷ 60 m/分＝ 4.2 分となり，直線的に公園まで道があることはまれであることを考慮すると，およそ歩いて 5 〜 6 分程度の所までに公園があると，その認知度は高いものとなることがわかる。

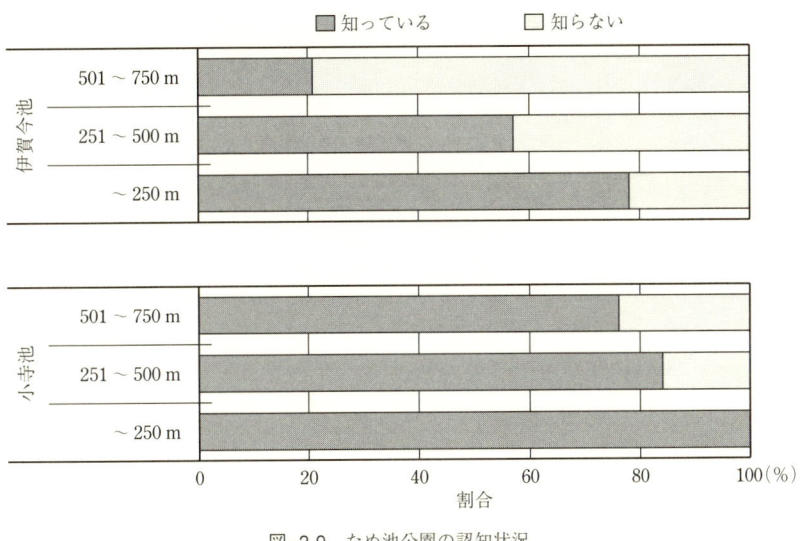

図-2.9 ため池公園の認知状況

なお，小寺池公園は 250 m を超えても認知度は低下するものの 70 %以上の認知状況である。これはこの公園が地区の図書館と隣接しており，図書館の存在と併せて公園が知られているためであろう。

したがって，公園単独では，伊賀今池公園のように公園からの距離が 500 m を超えていると，知っている人は 5 人に 1 人程度まで少なくなると考えられる。これは歩いて公園に行く場合，10 分以上もかかるようだとあまり知られないことになることを示している。

(2) 誘引距離

ため池公園からの距離と利用状況の関係は図-2.10 に示すようであった。認知状況と同様に，公園からの距離が 250 m 以内に居住している市民では，その 6 〜 7 割が利用したことがあると答えているが，250 m を超えると利用したことのある人の割合は約 40 %弱に減少している。この傾向は，このような位置に居住している人でも知っている人の割合が高かった小寺池公園でも同じであった。公園があることは知ってはいるものの，それを利用するまでには至っていないということがわかる。

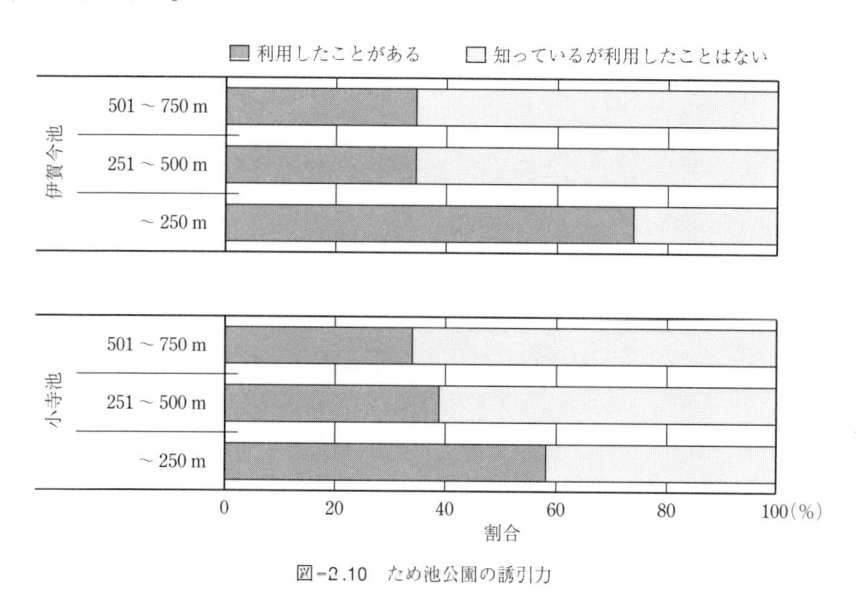

図-2.10 ため池公園の誘引力

また，利用したことのある住民の割合は，公園からの距離が 250 m を超えると，それ以上は距離が遠くなってもあまり低下していない。
　身近にあり，例えば夕方の散歩などに気軽に利用できる公園としては，やはり歩いて 5 〜 6 分程度にある公園であることが条件となり，それ以上離れると，軽い運動をするとか，子供たちを遊ばせるとか，少し意図してその公園に訪れようと意識しないと利用しないということが，住民の意識の中にあると考えられる。したがって，近隣住区理論での近隣公園の誘致距離が 500 m，あるいは一般的な市民での公園の誘致距離が 500 〜 600 m といわれていることに比較して，ため池公園ではさらに近い範囲が公園へと誘引できる距離ということになる。

(3) 誘引距離と利用頻度の関係
　小寺池公園，伊賀今池公園よりも少し規模が大きく，通常の公園と併設されている市場池公園において，居住している所から公園までの距離と利用頻度がどのような関係を持っているのかを解析した。この公園には，徒歩や自転車だけでなく，原動機付き自転車（原付）やオートバイで訪れている人もいたため，このような公園までの移動手段と移動に要した時間から移動距離を算出した。なお，移動手段別の移動速度は次のように設定した。

　　　徒歩　　　　　　　；4 km/hr（67 m/分）
　　　自転車　　　　　　；10 km/hr（167 m/分）
　　　原動機付き自転車　；20 km/hr
　　　オートバイ　　　　；30 km/hr

分析した結果を図− 2.11 に示す。
　ため池公園から 500 m 以内の住民の 8 割近くが何らかの形で利用しているが，一般の市民の歩行限界を超える 500 m 以上離れた地域の住民の過半数は利用経験がないと答えている。また，その利用が「ほとんど毎日」，「週に 2 〜 3 回」と日常的に利用している人は，ほぼ 1 km 以内に居住している人に限られている。
　その一方で，公園から 1 〜 3 km も離れた地域からも来園しており，その利用における満足感も高いものであった。
　これらを対比して考えると，この公園の存在を知っていて，日常的な生活の中で利用するのはやはり徒歩圏内の人であり，それを超える地域からの利用者は，

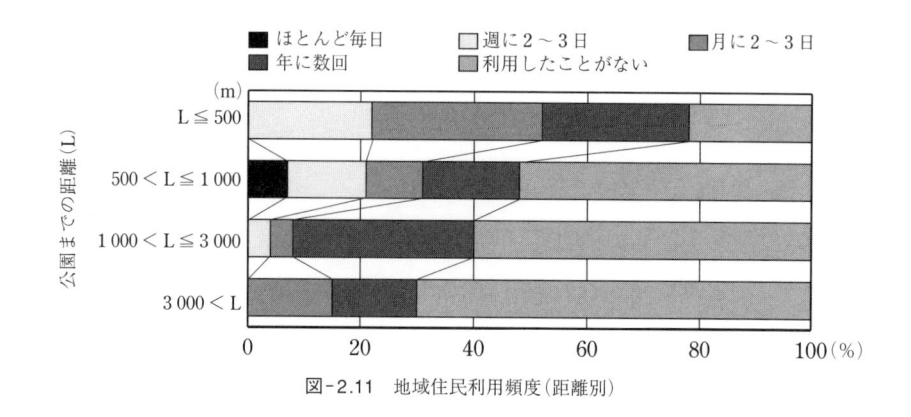

図-2.11 地域住民利用頻度（距離別）

　この公園に関する情報を何らかの手段で得て，この公園の内容に興味を持ち，積極的な意図を持って来園しているものと推察できる。そして，このような利用は月に2～3回もしくは年に数回程度の利用頻度にすぎない。

2.3.3 公園に対する満足度
(1) 公園全体に対する満足度
　公園を利用している人々が，その公園についてどの程度満足しているのかを知れば，ため池を公園として再生することの意義が見えてくる。
　まず，市場池公園において，単純に利用者に対して，この公園の設備や整備状況などについて，満足しているのかどうかを問うた。その結果，「十分満足」，「比較的満足している」と回答した利用者の合計は全体の8割を超えており，「満足していない」，「全く満足していない」と答えた利用者は合わせても6％に過ぎないものであった（図-2.12）。
　この公園では，放置されてしまっていたため池を公園として再生したことと，その整備内容・設備に多くの利用者が満足している。
　では，どんなことによって利用者はこのように満足しているのであろうか。利用者に"満足している理由"を自由に回答してもらったところ（表-2.11），「落ち着ける」，「リフレッシュできる」，「ゆっくりできる」，「きれい」，「緑が多い」といった，公園にいることが心地よいことが理由として数多くあげられていた。また，「楽しい」，「安心して子供たちを遊ばせる」，「遊具が豊富」，「散歩できる」，「夜で

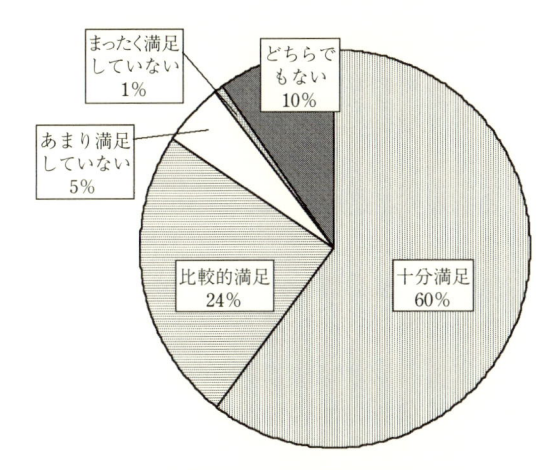

2.3 公園として再生されたため池の評価

図-2.12 公園に対する満足の度合い

(まったく満足していない 1%、あまり満足していない 5%、どちらでもない 10%、比較的満足 24%、十分満足 60%)

表-2.11 満足している理由(自由回答)

満足度	理　　由
十分満足している	子供が楽しみにしているから 疲れているとき，落ち着けるから 楽しい リフレッシュ 散歩できる 遊具がある，散歩道があるので安心して自転車に乗せられる 花火，水質が心配 混んでいないので居たいだけいられる 照明で夜でも明るい，池がいい 公園・池が広い 昼は安全 きれい，広い きれい，水がきれい，ほほえましい 広いし，釣りもできるし，友達がいっぱい居るから 広いし，遊べる所も増えたし，釣りができるから 広くてゆっくりできる 暑いとき休憩でき，いろいろな生物がみられる 十分な広さがあるから いろんな遊具があるから 植物や緑がたくさんあってきれいだから 広くていい
比較的満足している	公園が広いから 見通しがよい ゆっくりできる きれい，広い 広い，整備されている 子供が遊具でよく遊ぶ，広々として親もゆっくりできる

も明るくて安心して散歩できる」といった種々の活動が楽しく安全に行いやすい公園であることも満足している理由としてあげられている。これまでこの地域にはなかったタイプの公園であることから，多くの人々から良い評価を得ている。

特徴的なのは「広い」，「見通しがよい」という理由を多くの人があげていることで，面積的には特に大きな公園ではないものの，中央部にため池があることで視界を遮るものがなく見通しがよいことによって，利用者に広がり感を与えられている。ため池を公園に取り込むことで得られる利点の一つである。

次に，利用目的，居住地の公園からの距離，利用頻度と満足の度合いの関係を検討してみる。

目的別(図-2.13)では，休憩を目的としている利用者の場合，「十分満足」，「比較的満足」を合わせると95％と非常に高い値である。休息目的の利用者にとって満足の度合いの高い公園である。これは，やはり，中央部にため池があってこれを囲むように散策道やベンチが配置されており，穏やかなさざ波をたてる水鳥のいるため池を，周辺の緑とともに眺められることが，利用者に休息感，リフレッシュ感を与えているのであろう。

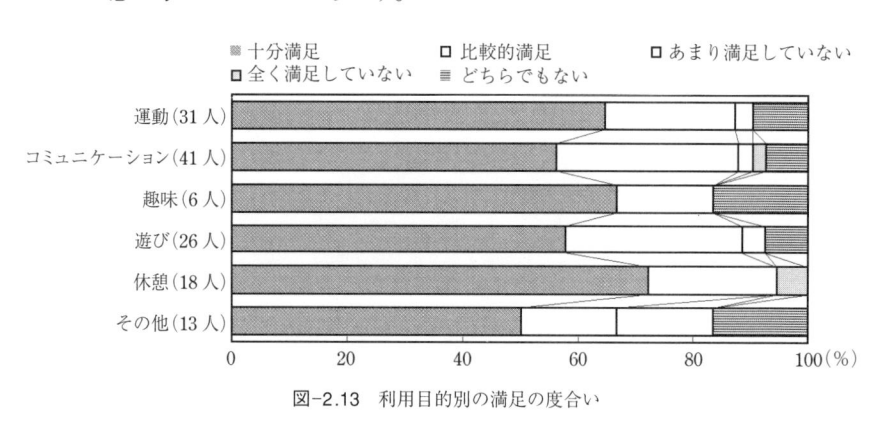

図-2.13 利用目的別の満足の度合い

さらに，他の利用目的においても「十分満足」，「比較的満足」と回答した人を合わせると80％以上に達しており，この公園は来園者の求める様々な利用目的を満足させている公園であるといえる。

次に，公園までの距離 L(m) との関係を見ると(図-2.14)，一番「十分満足」と

2.3 公園として再生されたため池の評価

回答した人の割合が多いのは 2 000 ～ 3 000 m 離れた所から来ている利用者である。この距離は，気軽に来園するようなものではないため，それだけ離れていても行く価値のある公園として評価されており，総じて満足の度合いも高いものとなったと考えられる。魅力のある公園は，その誘致距離も広いものとなることを示している。

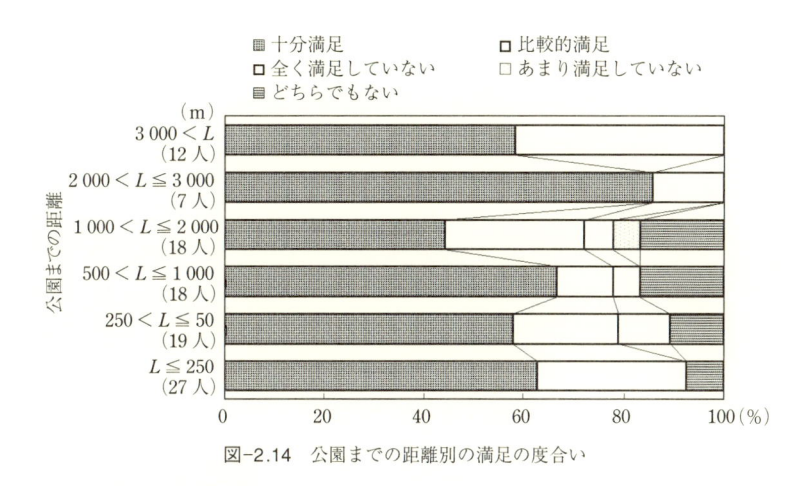

図-2.14 公園までの距離別の満足の度合い

また，公園までの距離が 1 000 m まででは 60 % を超える人々が「十分満足」しており，「比較的満足」している人を合わせると 80 % 前後となっている。近い場所に整備された公園に満足している状況が伺える。一般に，地区公園は主として徒歩圏域内に居住する者の利用に供することを目的とする公園とされ，誘致距離 1 km の範囲内で 1 箇所当り面積 4 ha を標準として配置するようになっている。市場池公園は 4 ha には達してはいないものの，その利用状況などから，地区公園としての機能も果たしている公園といえる。

(2) 公園の各施設に対する満足度

次に，公園内にある各種の施設について，利用者がどの程度満足しているのかを調べた。ため池公園にある一般的な施設として，次のものを取り上げる。

① ため池の周囲を巡る散策道・遊歩道，
② ベンチなどの休息空間，

③ 親水施設,
④ 水生植物広場。

まず，公園に訪れた際によく利用する施設をたずねた。回答結果を図-2.15に示す。小寺池公園はあずま屋，ベンチが充実しているために，ベンチなどの休息空間を利用する人の割合が44％と高くなっており，他の池と比べ親水施設の利用割合も26％と高い。菰池公園では散策道を利用する人の割合が圧倒的に高い(69％)。伊賀今池公園においては，利用しないと回答した人が他の池と比べ非常に高くなっており(32％)，しかもよく利用する施設が回答者によってばらつきがある。すべての施設が小規模で，充実していないことが原因である。

次に不足していると考える施設を質問した。その結果を図-2.16に示す。ど

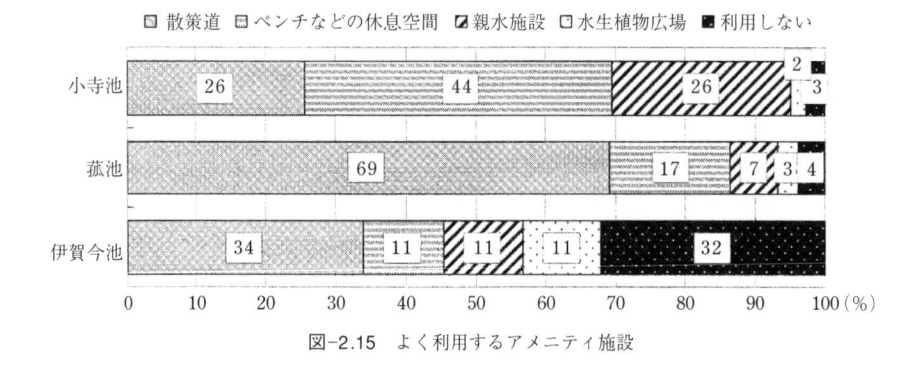

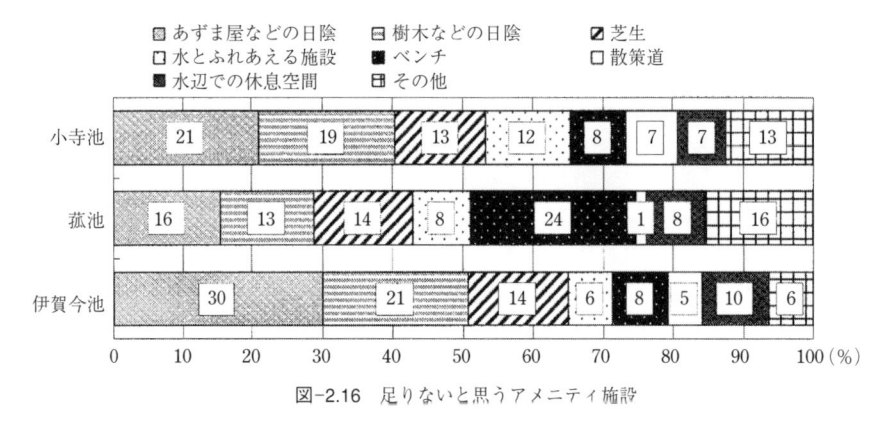

図-2.15 よく利用するアメニティ施設

図-2.16 足りないと思うアメニティ施設

の公園においてもあずま屋や樹木など日陰になる休息空間と，ゆったり座れるベンチや芝生が足りないと答えている利用者が多い。おしゃべりなどのコミュニケーション目的での利用や，散歩・散策などの利用が多いことから，ちょっとした休息のできる施設をさらに整備することが望まれている。実際，これら公園では，日陰になるエリアがあまり多くない。このような施設をもう少し整備すれば，よりいっそう利用者は公園に対して満足すると考えられる。

その一方で，水とふれあえる施設，水辺での休息空間が足りないと答えた利用者は少ない。ため池という水と親しめる大きな空間があり，これに関連した親水施設が整備されており，これ以上の整備は望まれていない。

(3) 親水施設についての評価

次に，親水施設についての印象をたずねた(図-2.17)。

小寺池公園においては，「水辺に近づけて良い」，「子供の遊び場に良い」といった良い印象が高く，両者の回答割合を併せると71％にもなる。このような評価をした来園者の割合は，他の池では約30％前後と低い。このため，菰池公園，伊賀今池公園ともに，「子供が危険」，「水が汚くて利用したくない」と悪い印象を持つ利用者が過半数を占めている。小寺池公園の親水施設は水に直接触れるタイプではなく，近づくことのできる水上デッキであるため，良好でないため池水質が評価にさほど影響しなかったためと考える。

したがって，水質がさほど良好でないため池を持つ公園では，間接的な水との

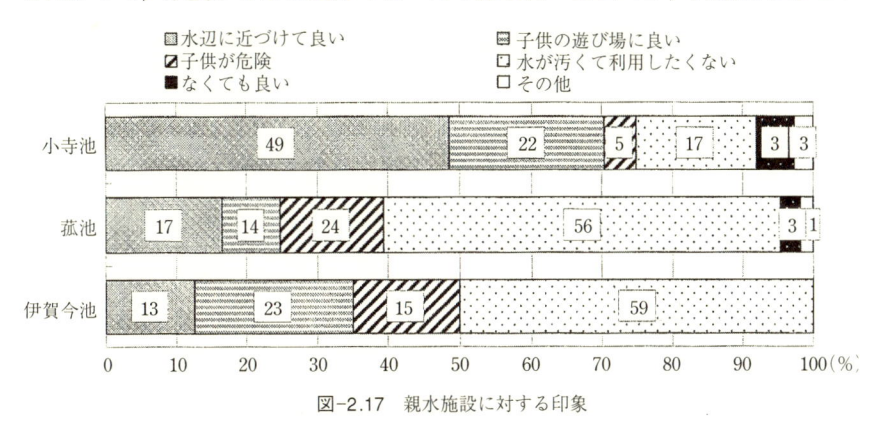

図-2.17 親水施設に対する印象

第 2 章　ため池からの公園づくり

ふれあい，すなわち水面を持つ広がりのある空間を風景として眺めることのできることが訪れる人々にアメニティを感じさせることになる。

(4) 柵に対する評価

前掲したため池公園の写真からわかるように，小寺池公園と伊賀今池公園では池の周囲には安全性確保の目的から柵が設置してある。菰池公園には柵は設置されていない。積極的な親水行動をとろうとする場合には，このような柵は障害となる。そこで，柵の必要性および柵の印象を問うた。

まず，柵の必要性については，柵のある小寺池公園，伊賀今池公園では安全のために柵が必要であるという意見が大半であるのに対して，柵のない菰池公園では必要ないとする意見が 40 ％に達していた(図-2.18)。しかし，現状で柵のない菰池公園でも 60 ％の利用者が柵を必要と考えていることは，柵のあることで自然的な景観が損なわれ，水に触れ，水の中に入るような積極的な親水行動が阻害されることよりも，安全性の確保を望む人々が多いことを表している。

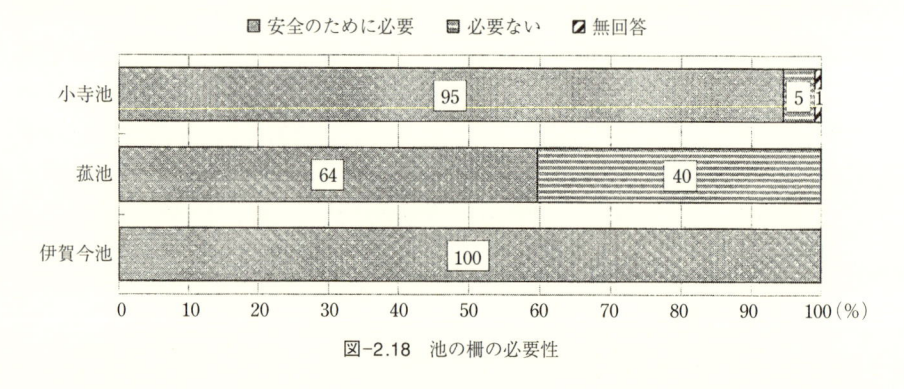

図-2.18　池の柵の必要性

自然とのふれあいによって，人は自然の豊かさとともに自然の恐ろしさも実感して，自然に対する理解を深めるものと考えられるが，現在の人々はこのような本質的な自然とのふれあいをあまり望んでいないことがうかがえる。これは，図-2.19 に示した柵に対する印象で「人工的」と回答した人々が 10 数％程度と少ないこと，「安全」，「好ましい」と回答した人々の割合が高く，現状でも「危険性が残る」と評価する人々が小寺池公園，伊賀今池公園でそれぞれ 29 ％，17 ％も

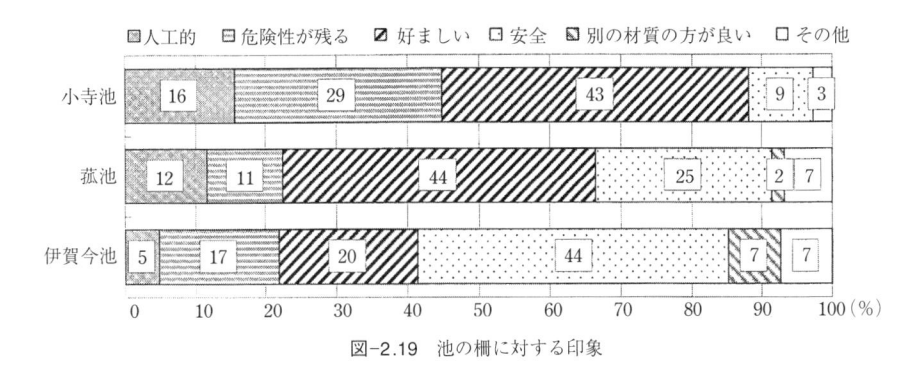

```
               ▨人工的  ▤危険性が残る  ▨好ましい  ▦安全  ▨別の材質の方が良い  □その他
      小寺池  | 16 |   29    |       43        | 9 |3
      菰池    |12| 11 |       44       |   25   |2| 7
      伊賀今池 |5| 17 |  20  |      44     |   |7| 7
            0   10   20   30   40   50   60   70   80   90  100(％)
```

図-2.19 池の柵に対する印象

いることからも判断できる。

あまり喜ばしいことではないが,ため池の水辺に対して,人々はあまり期待をしていないのが現状である。

(5) ため池公園のエコロジー環境に対する満足度

ため池を中心に形成されている公園であるため,通常の公園にあるような樹木,草花に加えて,魚や水生動物,水生植物といったエコロジー環境がため池公園にはある。また,鳥も一般的に公園に生息・生活するようなハトなどの鳥に加えて,カモなどの水鳥も生息し,特に冬季には多くの水鳥が飛来する状況にある。さらに,池の水そのものもエコロジー環境として捉えることができる。これらについて,利用者がどのように感じているのかを調べた。

一番,"自然"を感じる施設は何かを問うた所,菰池公園,伊賀今池公園においては「草花・樹木」との回答が多かったものの(約60％),小寺池公園ではこの回答は29％と少なく,「池の水」という回答とあまり差がなかった(図-2.20)。

小寺池公園において,利用者はほぼ同じ割合エコロジー施設に対して自然感を抱いている。池の水に対して,どの池においても草花樹木よりも自然を感じる人の割合は低い。

3つのため池公園の中で,小寺池公園は「ため池の水」や「魚や水生動物」などため池の水と関わりのあるものに自然を感じさせることがわかった。間接的に水とふれあえる施設を設置することにより,水に対して親近感を持たせることが,「草花・樹木」が存在していることよりも,ため池のある公園に"自然"を感じさせて

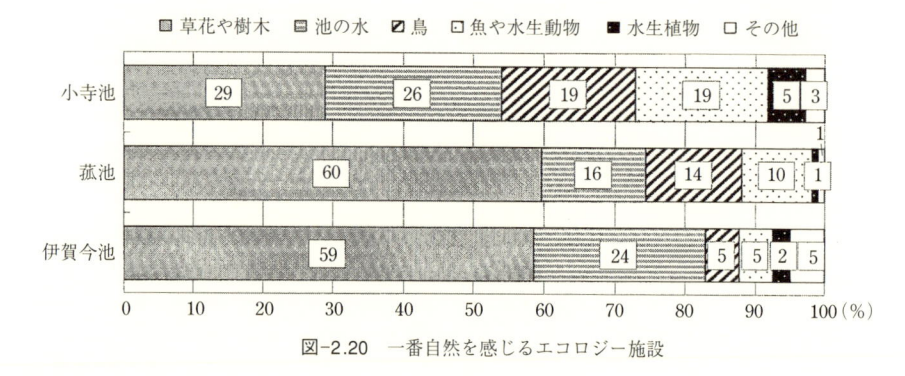

図-2.20　一番自然を感じるエコロジー施設

　いるのである。
　水生植物に対しては，すべての池において「自然が感じられる」，「もう少し量を増やして欲しい」といった肯定的な意見を示す利用者の割合が高く約70〜80％であった。菰池公園においては量が少ないため目立たなかったと考えられ，「もう少し量を増やして欲しい」と回答した利用者が多く64％である（図-2.21）。
　菰池公園においては水生植物が目立たなかったため，「もう少し量を増やして欲しい」と回答した利用者が多くなったと考えられるが，3つのため池公園ともに，水生植物は利用者に望まれており，良い印象を与えていることがわかった。特に小寺池公園においては，水生植物が多く存在し，「自然が感じられる」という意見が多い。
　小寺池公園において，「十分な自然空間がつくられている」と回答した利用者が

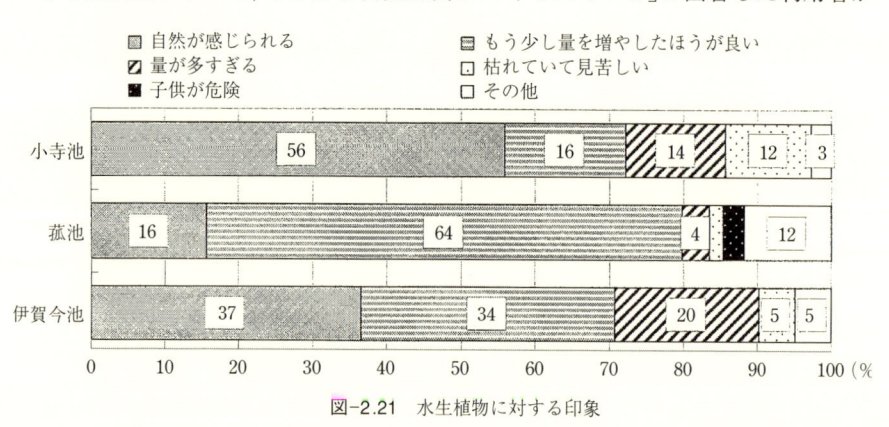

図-2.21　水生植物に対する印象

最も多く 42 %であった。次に菰池公園で 27 %であり，伊賀今池公園においては 15 %とわずかである(図-2.22)。

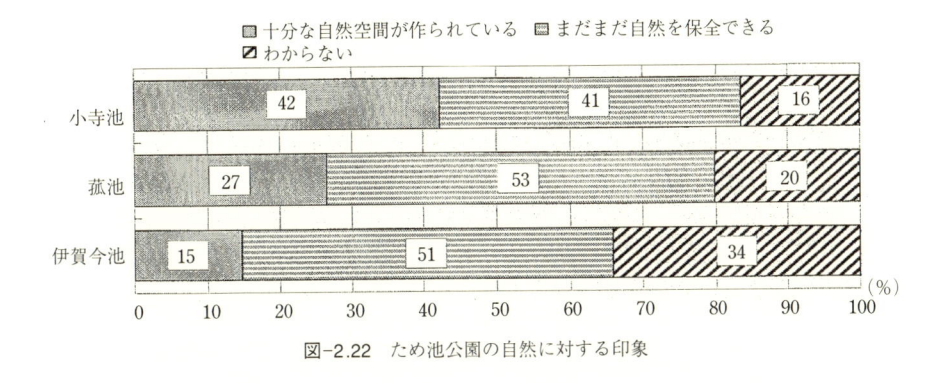

■十分な自然空間が作られている　■まだまだ自然を保全できる
■わからない

小寺池　42　41　16
菰池　27　53　20
伊賀今池　15　51　34
(%)
0　10　20　30　40　50　60　70　80　90　100

図-2.22　ため池公園の自然に対する印象

2.3.4 公園に対するイメージ

　ため池公園に訪れた人々は，公園に対してどのようなイメージを持っているのであろうか。これを知るために，各ため池公園に対するイメージを SD 法 (Semantic Differential Method)を用いて分析してみた。小寺池公園，菰池公園，伊賀今池公園に対するイメージの平均値プロフィールを図-2.23 に示す。ここで，イメージはため池公園の親水機能に対するものと，水辺空間に対するものについて尋ねた。

　すべてのため池公園において親水機能に対するイメージの傾向は似たものである。ため池公園は，ため池を中心に公園を整備していることにより，遮るものがなく見通すことができる空間を持つという特徴を持っている。このことが来園者にとって"景観が良く"，"明るい"雰囲気のある公園とイメージされ，さらに水面があることで"涼しげ"で"潤いを感じる"公園となり得ている。その結果，訪れた人々にとって，ため池公園は"休息しやすい"，"利用価値が高い"というイメージを持たれているのである。

　その一方で，"水には触れたくなく"，"人工的"であるというイメージも持たれており，水があることの直接的なメリットと考えられる水と親しむことについてはよいイメージを持たれていない。ため池公園には親水施設が多く設置されてい

47

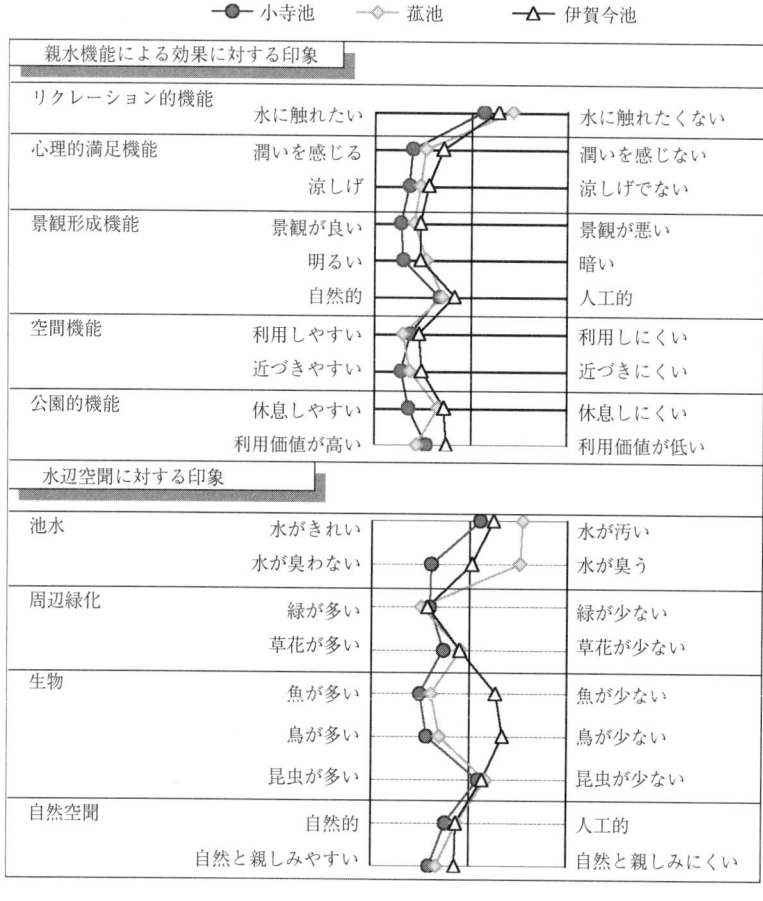

図-2.23 ため池公園に対するイメージ

るが，来園者は「水の汚さ」からあまり利用しようと考えていない。水質改善は，今後，ため池公園を整備していく際には留意しなければいけないポイントである。また，この分析結果からは，公園としての整備が行き過ぎて，本来のため池の持つ自然的なイメージが損なわれている状況がうかがえる。通常の公園にはない，自然的な要素を多く持つため池公園であるから，その整備においては，自然的な要素を伸ばす方向で整備をしていく必要がある。

2.3.5 公園の効用

　対象ため池公園が利用者にどのような効用をもたらしているのかを検討した。要素としては，"自然"，"季節感"，"安らぎ，ゆとり，うるおい"を用いた。
　それぞれの要素に対する評価結果を図-2.24 に，「感じる」，「比較的感じる」と回答した人がどこにその効用を感じるのかを質問をした結果を図-2.25 に示す。
　まず，"自然"に関しては「感じる」，「比較的感じる」を合わせると 82 %，"季節感"に関しては 65 %，"安らぎ・うるおい・ゆとり"に関しては 74 %と，いずれも高い割合となっている。このため池公園の存在は，利用者に自然的環境の提供と情緒的な場の提供をもたらしている。これらのものを利用者は公園に求めているともいえる。

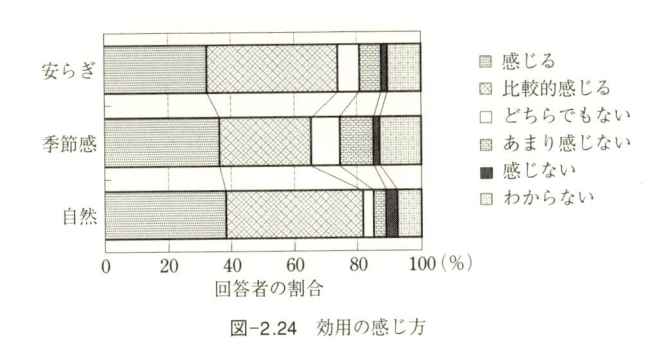

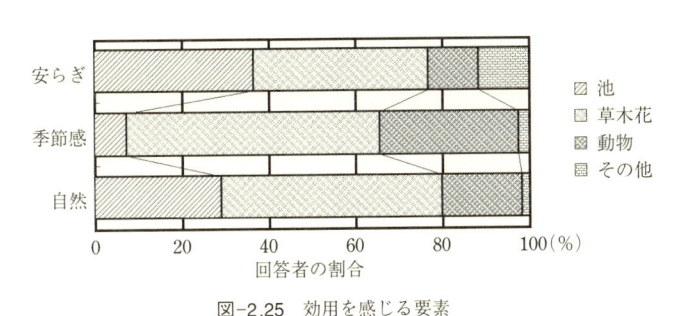

図-2.24　効用の感じ方

図-2.25　効用を感じる要素

　また，これらの効用をどの要素から感じるかという質問に対しては，すべての効用において「草木花」が最も高くなっている。「緑」があることが，利用者に"自然"，"季節感"，"安らぎ，ゆとり，うるおい"を与えていることがわかる。さら

に，水生植物園での開花や木々の葉の色，その繁り具合などがより一層"季節感"や"自然"を感じさせている。

また，「池」そのものの存在は，利用者に"自然"を印象づけるとともに，"安らぎ・うるおい・ゆとり"を与えていることもわかる。通常の公園とは異なり，広い水面積を持つため池を配置することで，訪れた人々は風により波を立て，天候によって色合いを変える「池」に対して"自然"を感じ，かつ，その見通しの良い空間が"安らぎ・うるおい・ゆとり"を人々にもたらしているのである。

一方，「動物」は，"季節感"に対しては寄与しているものの，"自然"や"安らぎ・うるおい・ゆとり"の効用に対してはさほど寄与していない。この公園での「動物」は主として池を住処としている水鳥であり，若干の魚もいるようであるがあまり人々の目には触れない。このため，渡り鳥の飛来や旅立ちによって利用者は季節の移り変わりを感じとっているが，"自然"や"安らぎ"などを感じ取れるほどの数の水鳥がいるわけではないため，その効用への寄与が少なかったと思われる。しかし，対象としたような池を持たない公園では，このような水鳥の生息やその季節的な変化を見ることはできないわけであり，公園内にため池を持つことは，条件が整えば，"季節感"だけでなく，"自然"や"安らぎ"を感じ取れるほどの水鳥などの生息環境を提供できるものとなる可能性を持っている。

2.4 ため池公園がもたらしてくれるもの

本章では，ため池を公園に再生した事例について，市民がこのような公園をどう利用し，また，どのように評価しているのかを検討してきた。最後に，ため池を公園に活用することが私たち市民にもたらしてくれるものについて考えてみる。

ため池を公園として再生すれば，広がりのある遮るもののない空間，変化のある水面と水辺，水とともに生きる水鳥や魚などの生き物といった，通常の公園にはないものを私たちにもたらしてくれるようになる。このため，ため池公園の利用頻度は，通常の公園よりも高くなる。ため池を公園に再生することで，これまではほとんど見向きもされなかった"ため池"が，人々が毎日訪れたくなるような

2.4 ため池公園がもたらしてくれるもの

空間に変身しているのである。

　ため池公園は"コミュニケーション"の場として利用されていることが多く，小さい子供連れの主婦層が子供たちを遊ばせながら，おしゃべりを楽しむのにほどよい場所として活用されている。また，池の周囲をぐるりと散策できるように遊歩道が設けられているため，これを利用して散歩やジョギングしたり，あるいはペットを連れて歩いたりする，日常的な軽めの運動をする場としての活用も多い。

　ため池公園を日常的に利用しているのは，公園から歩いて5～6分程度の所に住んでいる人々である。ただ，ため池公園では，水辺があるという特徴を持っていることから，徒歩圏域を超えた地域から訪れている人を見かけることが多かった。ため池の持つ魅力が端的に表れている。

　また，ため池公園に対して，訪れる人々の多くは満足しており，憩い，リフレッシュできる場として，あるいは，水辺を含めて子供たちに楽しく安全に遊ばせることのできる公園として，さらには水鳥などの生き物とふれあい，自然を感じることのできる公園として，よい評価を得ている。さらに，特徴的なのは「広い」，「見通しがよい」ということも満足感を高めている。ため池があることで視界を遮るものがなく見通しがよいことによって，利用者に広がり感を与えられている。ため池を公園に取り込むことで得られる利点の一つである。

　その一方で，ため池の水質に対してはあまり良く評価されておらず，どちらかといえば"こんな程度なのは仕方ない"といったあきらめの気持ちを持たれている。しかし，同時に，水があり，その周辺に緑があることによって，様々な生物がため池とその周囲の公園を生息の場としており，このような生き物の生きている様子を見られるということについては高く評価されている。自然環境を感じられる場となっているのである。公園内にため池を持つことは，"季節感"だけでなく，"自然"や"安らぎ"を感じ取れるほどの生き物とのふれあい空間，共生空間を提供できるものとなる。

　市街地には多数のため池が存在しており，市街地開発に伴う農地減少によってかんがい用水供給源としての役割が小さくなり，あまり管理されなくなった池も多くなっている。このようなため池の環境資源価値を活用することは，その地域，都市の魅力の向上，地域住民の池を中心とする連帯感の増加につながる。また，地域住民がため池に関心を寄せることは，地域の環境とその抱える問題，さらに

51

は国，地球規模の環境問題に関心を持つ発端となる。

　したがって，本研究で取り扱ったような市街地のため池公園整備は，今後さらに重要な意味，意義を持つようになる。

参考文献

1) 西田一雄：ため池座談会「これからのため池をめざして」，水資源・環境研究，Vol. 9, pp.63-71, 1996-12.
2) 内田和子：ため池の新しい維持・管理方式に関する考察－大阪府ため池オアシス構想を例にして－，地学雑誌，108(3), pp.263-275, 1999.
3) 竹本克己：オアシス構想と池の浄化対策，環境技術，Vol. 67, No. 7, pp.67-69, 1997.
4) 大阪府農林水産部耕地課：ため池オアシス 豊かな水辺の環境づくり，1994.
5) 大阪府農林水産部耕地課：池の本，1996.
6) 摂津市建設部道路公園管理課・積水コンサルティング株式会社：平成5年度市場池オアシス実施設計委託報告書，1994.
7) 大沼淳一：沈水性植物群落による河川浄化，環境技術，Vol. 24, No. 7, pp.397-401, 1995.

第3章
水鳥とのふれあい

3.1 ため池公園と水鳥

　近年，生活環境や生活様式の急激な都市化に伴う人工的な環境の増加により，都市居住者では日常生活において自然と触れ合う機会が減少している。地球規模で生じている様々な環境問題を考える際に必要なことのひとつに自然に対する深い理解がある。人間も自然の大きな流れのなかでしか生きられないということの理解である。
　すなわち，自然が生み出す酸素，水，食糧となる動植物などを消費し，また，不要となったものを自然界で分解してもらうことで，人間は生きることができ，また，光や温度，湿度など人間が生きることのできる環境を提供してくれているのも自然である。このような自然との関わりの深い理解には，自然とのふれあいが必要で，これがあって初めて自然を慈しむ心が育つのである。
　都市の中にあるため池を，この自然とのふれあいという観点から見てみると，ため池やため池公園は自然環境を都市市民に直接的に提供できるだけでなく，そこを生息の場としている水鳥や魚，昆虫などとのふれあうことのできる機会も提供しているといえる。
　ため池公園は，都市の中で貴重な，ある程度の広さを持つ水面を提供してくれている。私たちに，この水空間は日常生活の中での"憩い"をもたらしてくれるが，それ以上に，都市の中で生きようとする水鳥たちにとっては生きる場所を提供してくれるかけがえのないものとなっている。自然の池や沼が都市化によって埋め立てられ，田畑の宅地化などによって役割をなくしてきた多数のため池が失われている。このような状況において，わずかに残されたため池は貴重であり，自ずと水鳥たちもこのようなため池を持つ公園に集まるようになっている。

このため，ため池公園を訪れれば，様々な水鳥たちを見ることができる。これが，さらに，公園を訪れる私たちに"心地よい"，"やさしい"感情をもたらしてくれている。さらに，都市に住むことで見失いつつある"他の生き物とともに生きている"，"自然の恵みのおかげで私たちは暮らしている"といった気持ちも生み出してくれている。

 ここでは，このような『水鳥たちが生息しているため池公園』が，私たちに何をもたらしてくれているのか，人々はこれをどのように感じているのかを整理してみる。

 また，水鳥とのふれあいを求める行為がエスカレートして，問題を引き起こしていることがある。すなわち，水鳥とのふれあいとして最も代表的な行為である，水鳥への餌やり行動が結果としてため池の水質悪化を招いている。そこで，ため池の水質保全と水鳥とのふれあい行動をどのように両立させていけばよいのかについても考えてみる。

3.2　水鳥の多い公園へ訪れる人の意識

3.2.1　対象としたため池公園

 今回，水鳥とのふれあいを求めてため池公園に訪れている人々の意識調査を実施する対象としたのは，大阪府伊丹市にある昆陽池公園である。この公園は都市部では珍しい野鳥のオアシスとして有名で，関西屈指の渡り鳥の飛来地として秋から冬にかけてはカモなど多くの水鳥が飛来している。また，春には白鳥の抱卵やひなたちを引き連れて泳ぐ可愛らしい姿も見られる。

 この池はもともと，奈良時代の名僧，行基が天平3年(731年)に築造した農業用のため池である。これを伊丹市が昭和43年に一部公園化し，さらに昭和47～48年で現在の姿に整備したものである。公園全体の広さは27.8 haで，そのうち自然池が12.5 ha，貯水池が4.5 haを占めている。自然池の周囲に散策路が整備され，市民の散策・ウォーキングの場として親しまれている(図-3.1)。

 もともと周辺河川から水を導いてつくられたため池であるが，現在は，流入河川流域が都市化された結果，雨天時でないとほとんど川からの流入水はない。そ

3.2 水鳥の多い公園へ訪れる人の意識

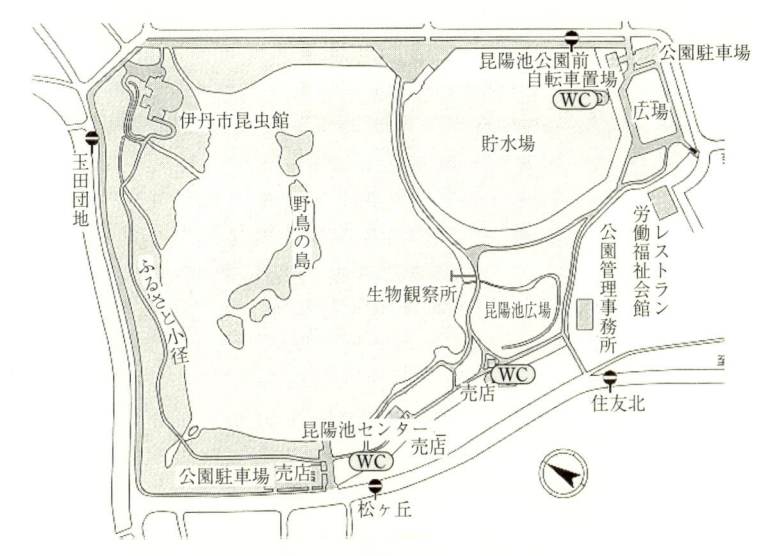

図-3.1 昆陽池公園の全体

のため，ため池公園内に掘削された井戸からポンプアップされた水が水源となっている。汲み上げ流入水量は 4 500 m³/日である。

　ため池公園には毎年，多くの渡り鳥が飛来することから，野鳥とふれあえる自然豊かな公園施設としてマスメディアに毎年取り上げられ，冬の訪れを知らせる風物詩ともなっている。

　この地域には周辺にこのような比較的大きな規模のため池公園は存在しないため，周辺の市民だけでなく，遠方の市町村からも多くの人々が訪れている。年間来園者数は約 80 万人にもなり，自然の豊かな水鳥とふれあえる公園として市民のみならず阪神間の多くの人々にも親しまれる都会のオアシスとなっている。

　しかしその一方で，流入水の水質悪化や，底泥からの溶出負荷，来園者の給餌行為に起因する池内に残留した餌による水質悪化が問題となっており，水温が高くなる夏季には富栄養化の進行によるアオコの発生といった問題が生じることもある。

　これは，池面積が 12.5 ha あるが，水深が平均 0.95 m と浅いこと(貯水量約 94 000 m³)，水源となっている井戸水に窒素，リン分が多いこと，カモなどの生

息水鳥の数が多いこと，人為的に生息させている白鳥のために餌やりをしている上に，来園者の多くが水鳥への餌やりをしていることによる。

昆陽池公園の風景を**写真-3.1**に，来園者による水鳥への餌やり行動の様子を**写真-3.2**に示す。

写真-3.1 対象ため池公園の風景

写真-3.2 ため池公園来園者による給餌状況

昆陽池公園の平面図は図-3.1のとおりである。池の中央部に日本列島を模した"野鳥の島"があり，池の周囲には散策路としての小径が整備されている。

駐車場や売店があり，水鳥への給餌が行われるエリアには生態観察所が設けてある。また，その対岸には昆虫館が建てられており，ここからはため池公園全体を眺めることができる。

3.2.2 来園目的

来園者が禁止されているにもかかわらず，水鳥とのふれあいを求めて水鳥への餌やりをしている行為がよく見かけられた。そこで，来園者がどのような目的で利用しているかを調査し，給餌行動禁止に対する来園者の意識構造を解析してみ

3.2 水鳥の多い公園へ訪れる人の意識

ることにした。

アンケート調査は平成9年に一度実施し，その後，平成12年に再び実施した。各アンケート調査の概要を表-3.1，3.2に示す。

表-3.1 昆陽池におけるアンケート調査概要

項目	内容
調査方法	直接面談方式
調査期間	平成9年11月13日から11月22日
有効回答数	500
調査項目	① 回答者属性， ② 利用目的，利用頻度， ③ 水質に対する評価， ④ 野鳥の飛来に対する意識 ⑤ 給餌行動に対する意識， ⑥ アオコの発生目撃経験など

表-3.2 アンケート調査概要

調査年月	平成12年9月，11月
天候	いずれの調査日も晴れ
対象者数	(9月)172，(11月)119
有効回答数	(9月)161，(11月)111
アンケートの内容	① 回答者属性 ② 来訪頻度，来訪目的 ③ 公園状況(水質，におい，水鳥の飛来など)に対する意識 ④ 給餌活動の禁止について ⑤ 公園施設に対する要望など

平成12年には季節によって来園者層が異なる(冬季には水鳥を目当てに来園する人が増加する)ことから，季節を分けて2回実施した。気温が高く水鳥の少ない夏季(9月)と，気温が低く水鳥が多い冬季(11月)である．実際，冬季においては，多くの水鳥が飛来することがマスコミで取り上げられることから，市外在住者の比率(夏季：32％，冬季：50％)が高くなっている(表-3.3)。

平成9年の調査で得られた来園目的の内訳を図-3.2に示す。

市内居住者，市外居住者ともに「散歩」，「鳥に餌を与える」が上位を占めており，池水の汚濁を進行させる「鳥に餌を与える」ことを目的に来訪する人が多い。しかし，市内居住者では「鳥に餌を与える」ことを目的に来訪する人は，「散歩」目的で

表-3.3　回答者属性

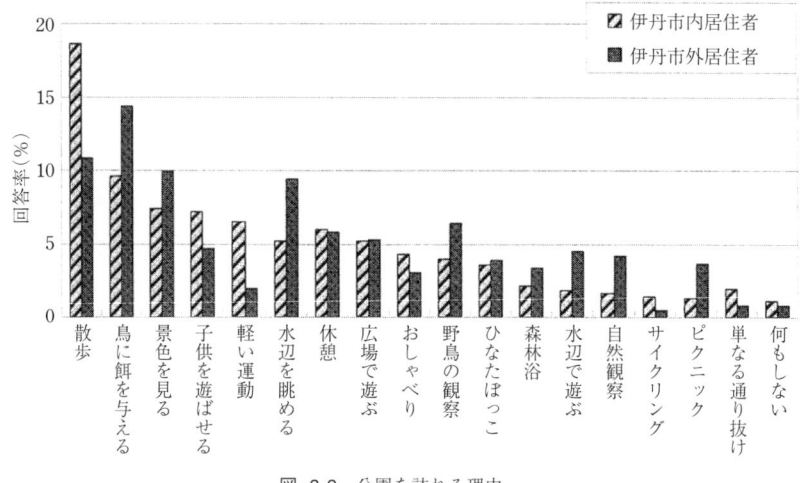

時期	夏季(9月)		冬季(11月)	
男女比	男性 女性	(53%) (47%)	男性 女性	(56%) (44%)
年齢	10代 20代 30代 40代 50代 60代 70代以上	(5%) (16%) (28%) (10%) (16%) (21%) (4%)	10代 20代 30代 40代 50代 60代 70代以上	(4%) (30%) (29%) (10%) (11%) (14%) (2%)
居住地域	市内在住 市外在住	(68%) (32%)	市内在住 市外在住	(50%) (50%)

図-3.2　公園を訪れる理由

音すれる人の1/2程度と少なくなるのに対して，市外からの来園者では「鳥に餌を与える」を目的としている人の方が多くなっている．

他の項目を見ても，市内居住者は「子供を遊ばせる」，「軽い運動」といったことを目的としている人が多く，どちらかといえば体を動かすための心地よい場所として昆陽池公園を位置付けているようである．

一方，市外から訪れている人々にとっては，「鳥に餌を与える」ことや「野鳥の観察」を体験することができ，「景色を見る」ことや「水辺を眺める」ことのできる

場所として位置付けられている。市外からの来園者は，日常生活では得られない体験を求めて，この公園に来ているのである。

3.2.3 公園の自然環境に対する意識
(1) 池の水質に対する意識

来園者の水質に対する意識を図-3.3に示す。

水質に対しては汚い(「やや汚い」,「汚い」,「とても汚い」)と感じている来園者が約7割を占める。来園者の水質に対する評価は低い。

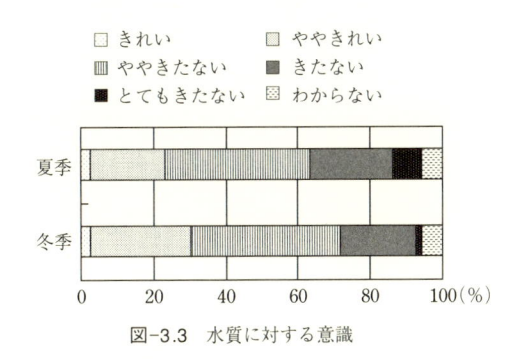

図-3.3 水質に対する意識

(2) 池の水のにおいに対する意識

来園者の昆陽池の「におい」に関する意識の割合を図-3.4に示す。

夏季,冬季ともに「あまり気にならない」と答えた回答者が約50％と最も多い。気にならない(「まったく気にならない」,「あまり気にならない」)と答えている回

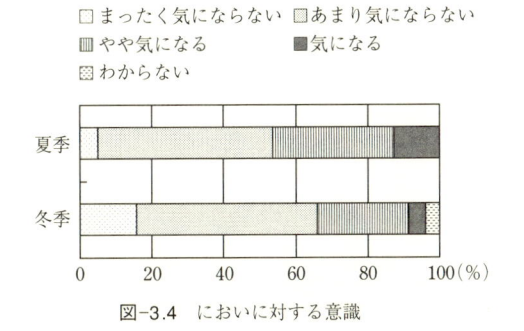

図-3.4 においに対する意識

答者の割合はおよそ 60 % を占める。においについての意識は高くない。

「水質」，「におい」の両項目において，冬季の方が夏季に比べ，若干であるが良い評価がされている。夏季では気温も非常に高く，アオコが発生し水の色も緑色であり，水のにおいも感じられた．このことが来園者の評価に影響したと考えられる．

(3) 池に飛来する水鳥に対する意識

水鳥が飛来することについての来園者の意識を図-3.5 に示す。

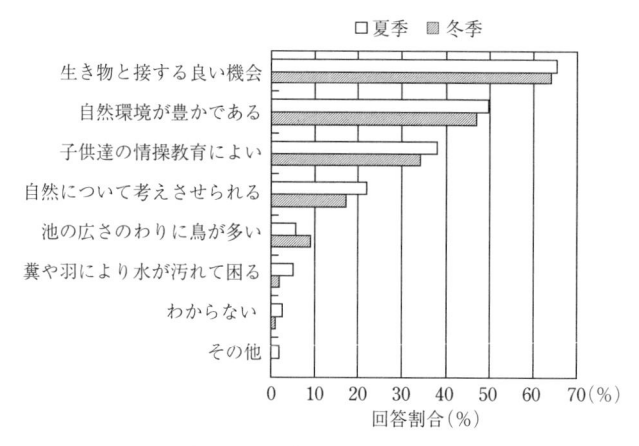

図-3.5 水鳥飛来に対する意識

夏季と冬季では，ほぼ同様の結果が得られた。「生き物と接する良い機会」，「自然環境が豊かである」，「子供たちの情操教育のために良い」と答えている回答者の割合が高い。

来園者は生き物とのふれあいに良い印象を持っており，生き物を身近に感じることで自然環境の豊かさを感じている。また，子供の感性を育むために水鳥とふれあう機会を持つことは良いと考えられている。

3.2.4 水質と来園者の意識の関係

来園目的別に水質に対する意識を図-3.6 に示す。

米園者の水質に対する意識は，来園目的が給餌行為であるかどうかに関わらず

3.3 水鳥とのふれあい行動によるため池の環境悪化

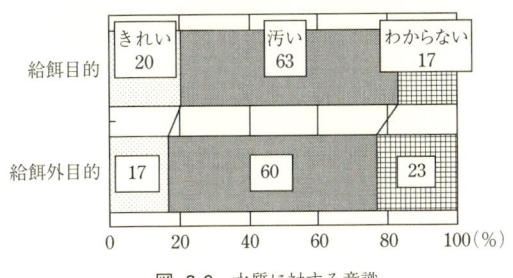

|給餌目的|きれい 20|汚い 63|わからない 17|
|給餌外目的|17|60|23|

図-3.6 水質に対する意識

来園者の多くはため池を汚いと感じている。

島谷(1998)によると，河川の水質と視覚の関連性に関して，「水のきれいさ」に大きく関与している心理量は，「水の透明感」，「底の見え方」であり，「水の透明感」，「底のみえ方」に大きく関与している物理量は，「透視度」，「水深」とされている。

河川とため池ということで対象は異なるが，水の外観に関する視覚的要素として，本調査では透視度に着目して，11月のため池の水質と，来園者の意識の関係について検討した。本ため池の透視度は 9.4 cm と非常に悪く，そのため池の底は見えない。また，SS 濃度も 92 mg/L と非常に高い。透視度が低いことが，来園者の多くが水を汚いと感じている要因と判断できる。

これより，来園者がため池の水をきれいと感じるためには，透視度を低くしている水中の懸濁物質量を減らすことが必要であるといえる。

3.3 水鳥とのふれあい行動によるため池の環境悪化

3.3.1 ため池の水質

水質の現況を把握するために池水質および流入水質の調査を行った。昆陽池へは図-3.7 に示すように 3 つの流入水がある。

流入水①が元来の水源であり，流入水②，③は，不足分を補うために流入させている地下水である。採水はこの 3 つの水源の流入ポイントおよび池内 3 ポイントで行った。

第 3 章 水鳥とのふれあい

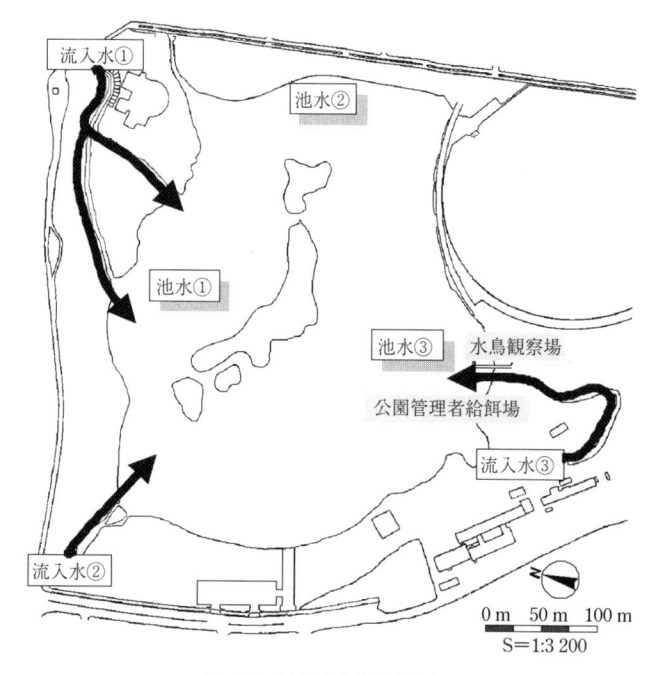

図-3.7 昆陽池水質調査地点

　なお，流入水③は来園者による餌やりの行われている水鳥観察所付近に流入するものであり，その近くのポイント（池水③）でも池水の採水を行った。
　調査結果を図-3.8 に示す。水質項目は，COD，T-N，T-P である。
　給餌行動が行われる地点近くの池水③での汚濁濃度が他の調査点より若干高くなっている。各濃度は，湖沼における生活環境の保全に関する環境基準値（農業用水，環境保全）の約 2 倍である。流入水の COD 濃度は池水より低いが，T-N，T-P 濃度は池水よりも高い。これが池の水質汚濁を引き起こしている要因の一つである。
　さらに，水質悪化状況を見てみるため，アオコの発生する 8 月と渡り鳥が飛来する 11 月に調査を実施した。調査の概要を表-3.4 に示す。調査箇所は，ため池内で 6 箇所，ため池への流入口で 7 箇所，計 13 箇所とした。
　水質調査は各地点におけるため池の表面水と，ため池に流入する直前の流入水

3.3 水鳥とのふれあい行動によるため池の環境悪化

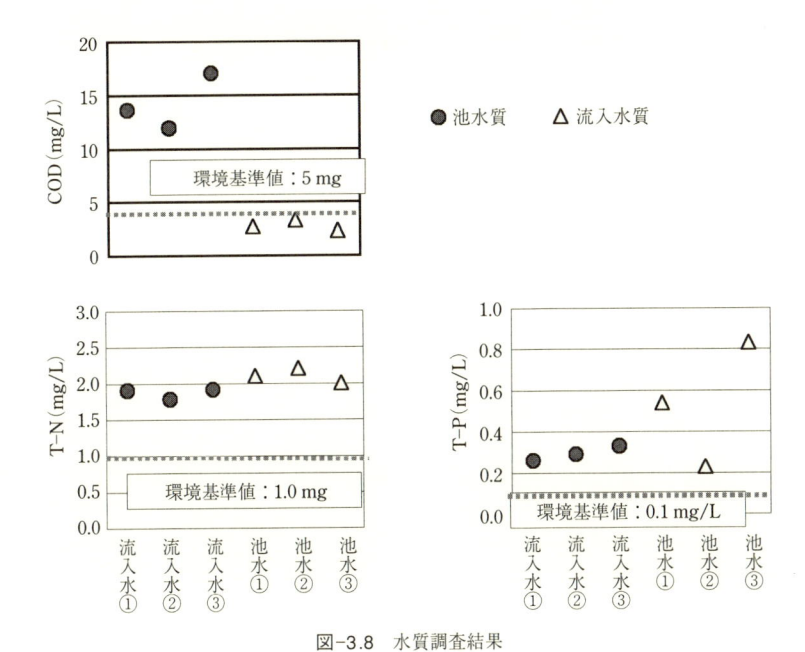

図-3.8 水質調査結果

表-3.4 水質調査概要

調査期間	平成12年8月～9月 ：3回 平成12年11月 ：1回
測定項目	pH，DO，透視度，酸化還元電位
分析項目	BOD，COD，T-N，T-P，PO_4-P，D-TP，SS

を採水した．

水質調査結果(平均値)を表-3.5に示す．ため池および流入水質の分析の結果，ため池はかなり汚濁が進んだ水質状態にあることがわかる．11月のSSが夏季に比べて高くなっているのは，飛来する水鳥の糞や来園者の給餌による餌の残留物により，懸濁物質が大量に発生しているためと考えられる．

すなわち，昆陽池の水質が汚濁している主な理由は，
- 池流入水が汚濁していること(T-N，T-P)
- 来園者の給餌行動に伴う過剰負荷のあること

表-3.5 水質調査結果

	ため池		流入水	
	8月	11月	8月	11月
BOD(mg/L)	25	14	2.7	2.4
COD(mg/L)	25	15	3.1	3.2
T−N(mg/L)	3.0	1.5	1.6	0.7
T−P(mg/L)	0.8	1.2	0.9	0.7
SS(mg/L)	45	92	9	13
PO$_4$−P(mg/L)	0.6	1.0	0.9	1.9
D−TP(mg/L)	0.5	1.5	0.6	2.8
pH	9.5	8.3	7.7	7.1
透視度(cm)	12.9	9.4	50<	50<

の2点であることがわかった。

3.3.2 ため池の水質悪化

次に，ため池の水質が悪化要因を明らかにするため，池の水質をある条件において予測するシミュレーション解析を行った。

(1) 来園者の鳥に対する残り餌による負荷の影響

各汚濁要因のため池水に対する負荷の内訳を算出した。考えられる負荷は，集水域からの流入負荷，底質からの栄養塩の溶出，鳥の飛来による負荷(鳥の糞)，来園者の鳥に対する給餌行動による負荷である。

池水に対する負荷の算出は次のとおりである。

① 流入水による負荷：流入負荷量は，各流入箇所における流入水質に流入水量を乗じることにより算出した。

$$L_{in} = C_{in} \cdot Q_{in}$$

ここに，L_{in}；流入負荷量(g/d)，C_{in}；流入水質(mg/L)，Q_{in}；流入水量(m^3/d)である。

② 底質からの溶出量：底質からの溶出量は以下の式を用いて算出した。

$$L_s = U_s \times 10^{-3} \cdot S$$

ここに，L_s；底質からの溶出量(g/d)，U_s；底質からの溶出速度(mg/m²/d)，S；水域面積(m²)である。

③ 水鳥による負荷量：水鳥による負荷量の算出式を以下に示す。

$$L_{bird} = L_{swan} \cdot N_{swan\_r}$$
$$N_{swan\_r} = N_{bird} \cdot W_{bird} / W_{swan} + N_{swan}$$

ここに，L_{bird}；水鳥による負荷量(g/d)，L_{swan}；白鳥の負荷原単位(g/羽/d)，N_{swan_r}；白鳥換算数(羽)，N_{bird}；水鳥数(羽)，W_{bird}/W_{swan}；体重比，N_{swan}；白鳥数(羽)とする。

ここで，白鳥の負荷原単位には伊豆沼での研究例[3]より表-3.6に示す値を用いた。

表-3.6 白鳥の負荷原単位

負荷原単位(g/鳥/d)	COD	5.30
	T-N	0.49
	T-P	0.24

④ 来園者による給餌に起因する負荷量：来園者による給餌量を次式で算出した。

$$W_f = P \cdot P_f \cdot W_{fp}$$

ここに，W_f；来園者による給餌量(kg/d)，P；1日公園来園者(人/d)，P_f；給餌者割合(%)，W_{fp}；1人当り給餌量(kg/人)である。

来園者の10％が給餌行動を行い(対象ため池公園でのアンケート結果より)，1人当りの給餌量を食パン1.5枚に相当する100gとすると，来園者による給餌量は22kg/日となる。これは公園管理者給餌量の約20％に相当する。

そこで，来園者による給餌行動によって，公園管理者が与える給餌量の20％が食べ残されると考え，公園管理者が与えている餌の構成より，来園者の給餌に起因する負荷量を算出した。また，食べ残された餌に含まれるN，P成分のすべてが水中に溶出することは考え難いため，約半分の量が溶

出するとした。

(2) 池水に対する負荷の内訳

以上の算出方法により汚濁要因毎の池水に対する負荷を算出した。その内訳を図-3.9に示す。

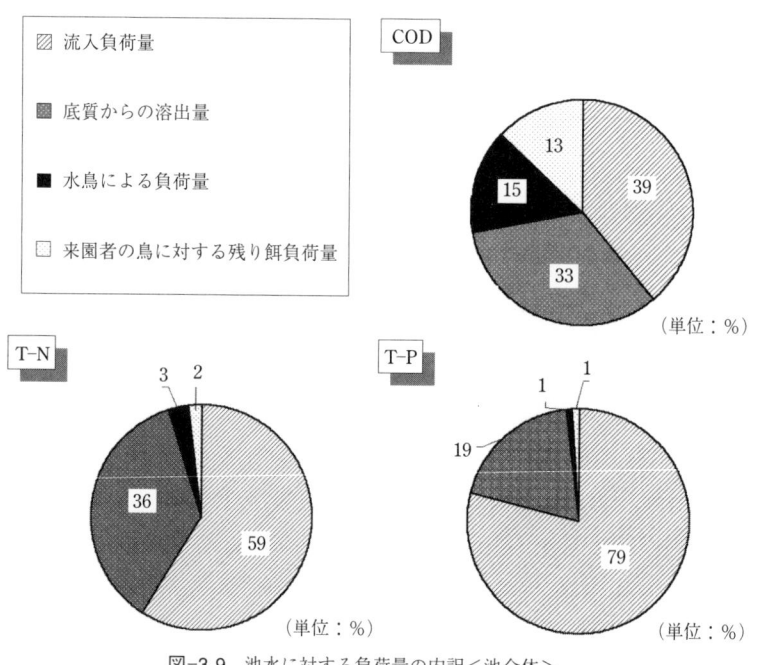

図-3.9 池水に対する負荷量の内訳＜池全体＞

来園者の給餌行動に起因する負荷は，池水に対する負荷のうちT-N，T-Pでは約1〜2％と小さいが，CODでは約13％を占めている。来園者の給餌行動に起因する負荷の割合は小さいが，汚濁の要因として無視してよいものではない。

水鳥は給餌場付近に多く存在しており，給餌行動はその隣の野鳥の観察所において主に行われる。そのため，観察所付近の水質は，来園者による給餌の影響を最も強く受ける。そこで，観察所付近の池水を対象に，汚濁要因の負荷の内訳

を，次の前提条件にしたがって算出した．
①水鳥の観察所および公園管理者が給餌を行う地点から半径50 m（池水面積約4 000 m²）の範囲が特に給餌行動の影響を受けるとする．このエリアは来園者の給餌行動に加えて，流入水③の流入水の影響を受ける．
②公園管理者と来園者による給餌行動が行われるため，池内の水鳥の大部分がこのエリアに飛来する．このため，全水鳥数850羽（白鳥換算数）の70％に相当する600羽がこのエリアにいると設定する．

対象となるエリアを図-3.10に，このエリアの池水に対する負荷の内訳を図-3.11に示す．

CODでは来園者の給餌行動に起因する負荷の割合が高い（36％）．T-Nでは10％程度であり，T-Pでは3％と低い割合である．T-N，T-Pで相対的に来園者の給餌行動に起因する負荷の割合が低いのは，流入水③のT-N，T-P濃度が池水よりも高く，これらの寄与分が大きいためである．

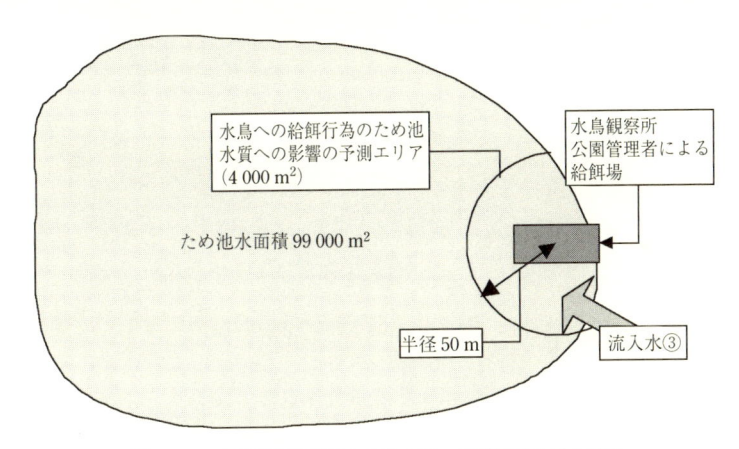

図-3.10 水鳥観察場周辺ため池水質への影響の予測エリア

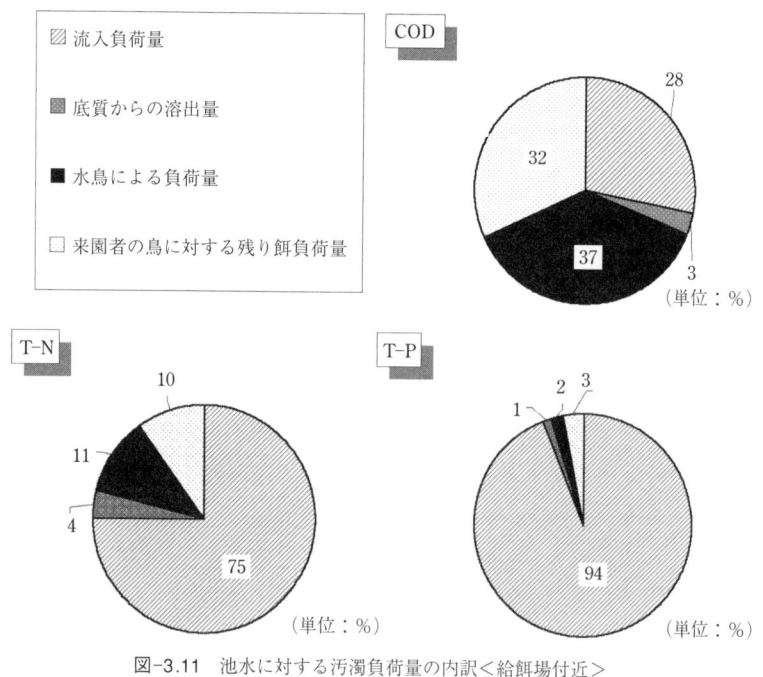

図-3.11 池水に対する汚濁負荷量の内訳＜給餌場付近＞

凡例：
- 流入負荷量
- 底質からの溶出量
- 水鳥による負荷量
- 来園者の鳥に対する残り餌負荷量

COD：28、3、37、32（単位：％）
T-N：75、10、11、4（単位：％）
T-P：94、3、2、1（単位：％）

3.4 水鳥とのふれあい行動と水質保全の両立へ向けて

3.4.1 水鳥への給餌行動

　自然とのふれあい行動がいわゆる過剰利用となって自然環境に対して過度の負荷を与えてしまう例が起きている。その影響は植生破壊や土壌汚染，水質汚染，動物の生息環境の撹乱など様々である。これに対して，管理体制の充実，強化に努めることが重要となる。例えば，ラムサール条約の指定湿地として登録されている伊豆沼では，ハクチョウ類，ガンカモ類の飛来地・生息地として機能しているが，その一方で，水鳥の飛来に伴って給餌行動が活発になり，それによって飛来数も増えるという関係が形成され，その結果，餌の残留物や，水鳥の糞が沼の水質を悪化させてしまっている[1]。このため，水質保全対策の一つとして，環境保

3.4 水鳥とのふれあい行動と水質保全の両立へ向けて

全型給餌池を設置して沼への汚濁負荷を削減することが調査, 検討されている[2,3]。

このような状況は, 阪神地域にある水鳥が数多く訪れることで有名な伊丹市の昆陽池でも生じている。昆陽池は富栄養化の進行によりアオコの発生, 魚類の大量死, 異臭の発生などの問題が生じており, 自然公園としての機能に直接的な支障が生じるまでになっている。この要因のひとつに来園者の水鳥に対する給餌行動があげられており, 来園者に対して原則的に給餌行動を禁止しているが, 実際には来園者の多くが給餌行動をしている。

3.4.2 給餌場設置による水質保全

昆陽池は"多くの渡り鳥が飛来する"ことで有名であり, 各種情報メディアもこのことを毎年のように取り上げているため, 来園者の渡り鳥の飛来に対する意識は高いが, 本来のため池の持つ水辺などの自然空間を忘れがちである。来園者の渡り鳥とのふれあい活動を保持しつつ, ため池公園の水質ならびに水辺環境を良好にするためには, 来園者にため池公園の自然的な環境資源を認識してもらい, それを保全しようという気持ちになってもらえるような公園整備が重要である。そこで, 来園者がため池公園の環境資源としての価値に気づき, 環境配慮行動を選択してもらうための公園整備方法を考察してみた。

昆陽池では10月〜3月にはカモ類など多数の水鳥が生息している。昆陽池公園には1箇所給餌場が設置されており, 公園管理者による給餌が行われていると同時に, 来園者による給餌行動も頻繁に行われている(写真-3.3, 3.4)。来園

写真-3.3 公園管理者による給餌の様子

写真-3.4　来園者による給餌行動

者による給餌行動は禁止されているが，現状としては多くの来園者がこれを行っている。この給餌行動による餌の残りと，水鳥からの羽や糞が大きな水質汚濁源として考えられている。

　生物とのふれあいを大切にする来園者が鳥に対して給餌行動を容認しつつ，ため池水質を改善するために，観察所近くの水域を池から分離して，給餌水域の水質汚濁が池全体に拡散しないようにする給餌池の設置を行うことが考えられた。

(1) 給餌池設置

　給餌池設置は，伊豆沼でも実施されている方法で，池の一部を本池から分離して給餌池とすることで，本池への水鳥，餌の残留物による汚濁負荷流出を低減させるものである。

　また，この施設は水辺環境保全に対する来園者に対する啓発活動，野外学習の場として機能させることもできるものである。

給餌池の概要を以下に示す。

①現在，昆陽池において水鳥の観察所として利用されている付近（来園者の給餌が主に行われている地点）の池と昆陽池の池本体との間を仕切り，池水の交換や池本体への汚濁物質の流入を防ぐ。

②昆陽池本体は，給餌池の設置により来園者による給餌行動の負荷は軽減されるが，給餌池自体は給餌が続けられ，水質が悪化すると予測される。その対策として，池水を給餌池に導き，給餌池の池水を池外に流出させる。

3.4 水鳥とのふれあい行動と水質保全の両立へ向けて

建設された給餌池を写真-3.5, 3.6 に示す。

写真-3.5 建設された給餌池

写真-3.6 給餌池と水鳥

(2) 解析手法

昆陽池を図-3.12 に示すように3つのボックスにモデル化し，流動解析シミュレーションと移流拡散解析シミュレーションにより給餌池設置による池水質改善予測を行った。

ボックス間の移流拡散現象は，次の移流拡散モデル（岩佐，1989）により表現した。

$$\frac{dV_i c_i}{dt} = \sum \left[-\frac{1}{2}\{Q_{ij} - |Q_{ij}|\} c_{ij} - \frac{1}{2}\{Q_{ij} + |Q_{ij}|\} c_{ij} - \frac{D_{ij} A_{ij}}{I_{ij}}(c_i - c_j) \right] + 反応，負荷投入項$$

ここに，Q_{ij}：ボックス i から j への流量，V：ボックス体積，A：断面積，D は混合拡散係数，c_i, c_j：上下流ボックス濃度である。

ボックス内の水質変化は図-3.13 に示した富栄養化シミュレーションモデルにより予測した。これは，有機物（COD），N，P についての物質収支を計算するも

第 3 章　水鳥とのふれあい

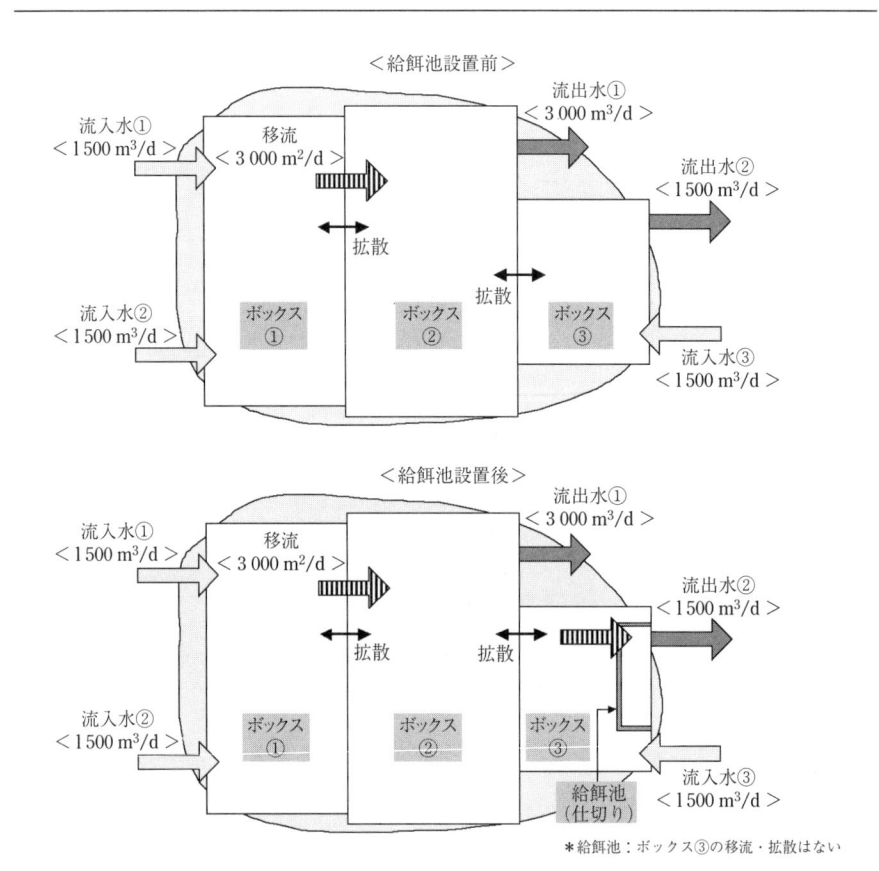

＜給餌池設置前＞

＜給餌池設置後＞

＊給餌池：ボックス③の移流・拡散はない

給餌池設置前と設置後のボックスにおける概要

ボックス①	昆陽池北部一帯の 35 000 m²
ボックス②	昆陽池西部〜東部一帯の 47 500 m²
ボックス③	昆陽池南部（水鳥観察所，給餌場付近）の 17 500 m²
給餌池	ボックス③の一部（水鳥観察所一体）の 3 000 m²

図-3.12　ため池のボックスモデル

のである[6〜8]。なお，シミュレーションの初期値には，現地調査で得た池水質・流入水質値と，池への流入負荷量値を用いた。

また，給餌池設置による濃度変化を予測する際の富栄養化シミュレーションモデルの係数値を表 3.8 に示す。

3.4 水鳥とのふれあい行動と水質保全の両立へ向けて

LC = $Q \times ICOD$ + $PD \times ZR \times BC$ − $(H_0/H) \times LC$ + $CB \times S$
非生物COD　　　　　流入分　　　　植物プランクトンの枯死　　　沈降による除去　　底質からの溶出
　　　　　　− $K_2 \times LC$ + LC − $(Q/V) \times LC$
　　　　　　　生物による分解　現存量　　　流出分

LN = $(Q \times IN)$ + $N_2 \times DN$ + $NB \times S$ − $ZN \times PH \times BC$
生物利用可能なN　　流入分　　デトリタスの分解による供給　底質からの溶出　　生物による利用
　　　　　　+ LN − $(Q/V) \times LN$
　　　　　　　現存量　　　流出分

LP = $Q \times IP$ + $P_2 \times DN$ + $PB \times S$ − $ZP \times PH \times BC$
生物利用可能なCOD　流入分　　デトリタスの分解による供給　底質からの溶出　　生物による利用
　　　　　　+ LP − $(Q/V) \times LP$
　　　　　　　現存量　　　流出分

DN = $PD \times BN$ − $(H_0/H) \times DN$ − $N_2 \times DN$ + DN
デトリタス中のN　生物の枯死よる供給　　沈降による除去　　生物による分解　　現存量

DP = $PD \times BP$ − $(H_0/H) \times DP$ − $P_2 \times DP$ + DP
デトリタス中のP　生物の枯死による供給　　沈降による除去　　生物による分解　　現存量

BC = $Q \times IA$ − $(PH - PD - PR) \times BC$ + BC − $(Q/V) \times BC$
生物量(クロロフィルa)　流入分　　光合成　枯死　呼吸　　　　　現存量　　　流出分

BN = $ZN \times BC$
生体中のN　　生体中のNの割合

BP = $ZP \times BC$
生体中のP　　生体中のPの割合

SN = $(H_0/H) \times DN$ − $NB \times S$ + SN
底質中のN　　沈降による供給　　　溶出　　　現存量

SP = $(H_0/H) \times DP$ − $PB \times S$ + SP
底質中のP　　沈降による供給　　　溶出　　　現存量

SC = $(H_0/H) \times LC$ − $CB \times S$ − $KB \times SC$ + SC
底質中のCOD　　沈降による供給　　　溶出　　　分解　　　現存量

COD = $(LC + ZR \times BC) / V$
COD濃度　　非生物COD　生物量のCOD換算値　池容積

TN = $(LN + BN + DN) / V$
T-N濃度　生物利用可能なN　生体中のN　デトリタス中のN　池容積

TP = $(LN + BP + DP) / V$
T-P濃度　生物利用可能なN　生体中のP　デトリタス中のP　池容積

CH = BC / V
クロロフィルa濃度　クロロフィルa量　池容積

図-3.13　冨栄養化シミュレーションモデル

第 3 章 水鳥とのふれあい

表-3.8 モデルに用いた諸係数値

		同定値	実測値	文献値
最大比増殖度速度係数(1/d)		0.50	—	0.45 〜 3.14
呼吸率(1/d)		0.050	—	0.01 〜 0.15
死亡率(1/d)		0.20	—	0.01 〜 0.15
プランクトン沈降速度(1/d)		—	—	—
COD 沈降速度(m/d)		0.10	—	0.05 〜 0.5
T-N 沈降速度(m/d)		0.50	—	0.05 〜 0.5
T-P 沈降速度(m/d)		0.50	—	0.05 〜 0.5
COD 分解速度(1/d)		0.010	—	0.02 〜 0.05
デトリタスからの N 回帰速度(1/d)		0.30	—	0.001 〜 0.1
デトリタスからの P 回帰速度(1/d)		0.30	—	0.001 〜 0.1
底質中の COD 分解速度(1/d)		8.5×10^{-5}	—	0.02 〜 0.05
底質からの COD 溶出速度[*] (mg/m²/d)	ボックス① ボックス② ボックス③	—	100	—
底質からの N 溶出速度[*] (mg/m²/d)	ボックス① ボックス② ボックス③	—	57.9	—
底質からの P 溶出速度[*] (mg/m²/d)	ボックス① ボックス② ボックス③	—	5.64	—
底質中の負荷量に対するCOD溶出量の比 K_{sc}[*] (mg/g/d)	ボックス① ボックス② ボックス③	0.017	—	—
底質中の負荷量に対する N 溶出量の比 K_{sn}[*] (mg/g/d)	ボックス① ボックス② ボックス③	0.076	—	—
底質中の負荷量に対する P 溶出量の比 K_{sp}[*] (mg/g/d)	ボックス① ボックス② ボックス③	0.041	—	—

・久保徳彦, 久納誠, 丹羽薫, 漆山敬二:落葉回収による富栄養化対策, 土木学会第 50 回年次学術講演会, 1995-9.
・岩佐義郎:湖沼工学, 山海堂, 1999.
・田中秀穂, 望月京司:ため池富栄養化シミュレーション, pp.103-138, 1985.

[*] は実測値により設定

(3) 給餌池設置による水質改善

水質改善効果の予測結果を図-3.15 に示す。池本体では, COD, T-N, T-P すべての濃度を現況に比較して約 10 %低下できる。

3.4 水鳥とのふれあい行動と水質保全の両立へ向けて

■ 給餌池設置前
▨ 給餌池設置後
□ 給餌池設置後＜流入水浄化（T-N，T-P 20％除去）＞

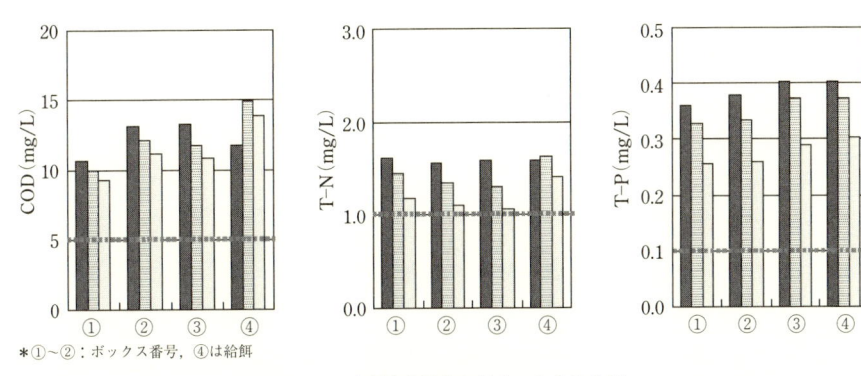

＊①～②：ボックス番号，④は給餌

図-3.14 水質改善施策実施後のため池水質

3.4.3 流入水の浄化による水質保全

給餌池設置のみでは，現況の池水質を考えると，COD，T-N，T-P 濃度の低下は 10％とわずかであることから，池水に対する汚濁要因のうち負荷の大きい流入水を浄化することを検討した。浄化施設は生物・生態系を活用した礫間接触酸化法および水生植物による浄化法とする。また，池水の浄化効果を予測する際，流入水の流入箇所 3 地点すべてに設置した場合を想定する。このような施設は水質浄化だけでなく，生物・生態系の活用により来園者の「環境教育の場」ともなり得る。

(1) 浄化施設概要

a. **礫間接触酸化法** 自然界に存在する微生物の代謝作用を利用して，汚水中の汚濁物質を分解・除去する方法である。浄化効果は接触材の形状や材質により異なるが，流入水が浄化施設を通過した際，BOD；40～60％，SS 成分；40～60％，T-P；10～20％，T-N；10～20％程度となる。ここでは，これらの浄化効果が得られる規模の浄化施設を設置した場合を想定する。

b. **水生植物** 抽水植物（ヨシなど），浮標植物（ホテイアオイなど）の水生植物に栄養塩類を吸収させ，成長後に植物を回収して栄養塩類を削減する手法である。

浄化効果は BOD；30～40 %，SS；30～40 %，T-P；10～20 %，T-N；10～20 %程度である。礫間接触材と同様に，これらの濃度低下が得られる規模の水生植物を植生する。

　以上の浄化施設を導入した際の浄化効果予測条件を以下に示す。
　① 両浄化施設を流入水が通過した際，T-N，T-P 除去率 20 %をとする。
　② COD の除去は，現状の流入水質が良好なことから考慮しない。

(2) 水質改善予測結果

　水質改善効果の予測結果を図-3.14 の右端に示す。
池本体の COD では，給餌池設置後からさらに約 7 %程度濃度が低下した。T-N，T-P では 15 %～ 20 %程度である。T-N は，湖沼における生活環境の保全に関する環境基準値(V 類型)程度まで濃度が低下した。

　給餌池内の池水は現況よりも COD で 15 %，T-N，T-P で 30 %前後，濃度が低下した。また，給餌池設置時のみよりも，COD は 5 %，T-N，T-P は 20 %程度，濃度が低下した。

3.5　水鳥とのふれあい行動と水質保全の両立

　水辺利用行動が水辺環境に与える影響として，ため池公園における来園者の給餌行動による負荷を対象とし，ため池水質への影響やその削減対策を検討した。その結果，給餌場付近では池水への汚濁負荷のうち，COD では約 36 %，T-N，T-P では約 10 %程度占めることがわかった。

　このように池水に影響を与える給餌行動を禁止することに対して，水鳥を含めため池公園全体の自然環境を意識する来園者は賛成しており，"水鳥に餌を与える"ことが「子供の教育に良い」と意識する来園者は反対している。したがって，水質保全を目指すには，来園者にため池全体の自然とふれあいを感じてもらい，それを保全しようという気持ちになってもらえるように配慮した施設整備を行うことが必要である。

　しかし，来園者に「自然と親しみやすさ」を感じてもらえる公園として整備する

3.5 水鳥とのふれあい行動と水質保全の両立

には,「生物と親しみやすさ」を重視した環境づくりを第一と考え,それに合わせて水質保全や周辺緑化などのためた池公園全体の生態系を保全することが重要である。そのため,来園者が給餌行動という活動を通じて,生物とのふれあいを得ながらも水質を保全する施設を整備することが必要である。

その対策として,給餌池を設置したときの池水質の変化を予測した結果,COD,T-N,T-P濃度で現況の値よりも約10％低くできた。また,流入水を浄化する施設を設けた結果,給餌池設置後よりも,さらにCOD濃度で約7％,T-N,T-P濃度で15～30％低下した。これから,来園者が給餌行動を起こしたとしても,水質保全が可能と予測できた。

給餌池の設置と給餌池への流入水を浄化する施設の導入により,池そのものと給餌池両方の水質改善が可能となる。

このような施設をうまく整備していけば,水鳥とのふれあい行動を禁止することなく,ため池水の水質保全を行うことができる。

さらに,このような環境を保全していく施設は,来園者にとって格好の環境教育施設となるだろう。今回の事例でいえば,給餌池,流入水浄化施設の役割と機能,施設による水質改善の状況を来園者にわかりやすく示し,さらに施設とその周辺での水鳥とのふれあい行動を促すような水辺の施設を整備していくことができれば,ため池公園に訪れた人々は,ため池公園を通じて,私たちの行為と環境との関わり,人間と生き物の関わりについて学ぶことができるようになる。

このような積極的な対応を進めれば,都市の中におけるため池公園の存在価値がさらに高まっていくであろう。

参考文献

1) 江成敬次郎,斉藤孝市,中山正与,柴崎徹,佐々木久雄,鈴木淳(1992)伊豆沼に設置された給餌池の汚濁負荷削減効果についての調査研究,環境システム研究,20,386-390.
2) 江成敬次郎,鈴木淳,柴崎徹,佐々木久雄(1993)伊豆沼に設置された給餌池システムの汚濁負荷削減効果についての調査研究(第2報),環境システム研究,21,135-140. 1993-8.
3) 江成敬次郎,鈴木淳,杉山智洋,柴崎徹,佐々木久雄(1994)伊豆沼に設置された給餌池システムの汚濁負荷削減効果についての調査研究(第3報),環境システム研究,22,84-89.
4) 久保徳彦,久納誠,丹羽薫,漆山敬二:落葉回収による富栄養化対策,土木学会第50回年

次学術講演会，1995-9.
5) 岩佐義郎：湖沼工学，山海堂，1999.
6) 細見正明，岡田正光，須藤隆一(1988)湖沼生態系モデルによる富栄養化防止対策の評価，衛生工学研究論文集，24，151-165.
7) 田中秀穂，望月京司(1985)ため池富栄養化シミュレーション，大阪府公害監視センター所報，8，103-138.
8) 久保正弘，冠野禎男，山本務，増井武彦(1989)水質シミュレーションモデルに関する研究(第6報)－満濃池－，香川県公害研究センター所報，14，23-33.

第4章
環境教育の場としての水辺のある公園

　第2章で，ため池を公園に再生することが，私たちに，自然とのふれあいの場を提供してくれていることが明らかになった。また，第2章では，ため池公園では水鳥とのふれあいを求めて来園する人が多く，特に子供に自然の大切さを感じて欲しくて，ため池公園に足を運んでいる人が多いこともわかった。
　そこで，ここでは，このようなため池公園が環境教育の場としてどのような意味合いを持つものなのかを考えてみる。

4.1 環境教育とは

　環境教育とは，一般に，「地球・生物全体にわたる環境の問題を取り上げ，自然保護や公害防止だけにとらわれずにグローバルな視点で環境問題を教える教育」といわれている。そして，環境教育によって，「地球環境や都市・生活型公害を取り上げながら，幼いうちから地球環境にやさしい行動を身につけさせよう」ということが意図されている[1]。これは，今，起きている地球規模の環境問題は，私たち自身が加害者であり，何気ない日常生活が環境を悪化させていることを認識させ，そのうえで，このような環境問題を悪化させるような生き方を改めていこうとするものである。
　さらに，地球規模での環境や，地域規模での環境に関する知識や認識を高めていこうとする環境教育も行われている。また，様々な自然体験によって，自然に対する認識を高め，感性を磨かせ，自然に対して愛情を持つようにしていこうという教育もある。
　しかし，このような環境教育だけでは，環境に関する知識は増えるものの，どのようにすれば『環境と共生でき，かつ，私たち自身も豊かな気持ちで生活でき

る社会』を創りだしていく方法を考え出すには至らない。このような環境と社会の関わりについて，新しい創造力・想像力を育んでいくような環境教育をしていくことが，これからはより求められていくのではないだろうか。

さて，ため池公園は環境教育の場としてふさわしいものであるか，もし，ふさわしいのであれば，何を学ぶことができるのか，これについて，以下に示してみよう。

4.2 環境教育の場としてのため池公園整備

4.2.1 ため池公園整備の方向

ため池公園利用者に，ため池公園が環境教育の場として適しているかについて，第2章で示した3つのため池公園において，訪れている人々にたずねてみた。この結果を図-4.1に示す。

小寺池公園において「適している」と回答している利用者が半数に達している。一方，菰池公園，伊賀今池公園においては32％，37％と少なく，「改善の余地がある」と回答している利用者の方が45％，39％と上回っている。

小寺池公園は，他の公園に比較して小規模であるが，周辺が比較的密集した状況にある住宅地であって，この公園が自然的雰囲気を感じ取れる貴重な空間であることがこの回答の差を生み出していると考えられる。

これは，この公園において，親水施設がよく利用されており，水辺に近づけて良いと評価されていることや，水鳥や魚・水生植物といった生き物が存在してい

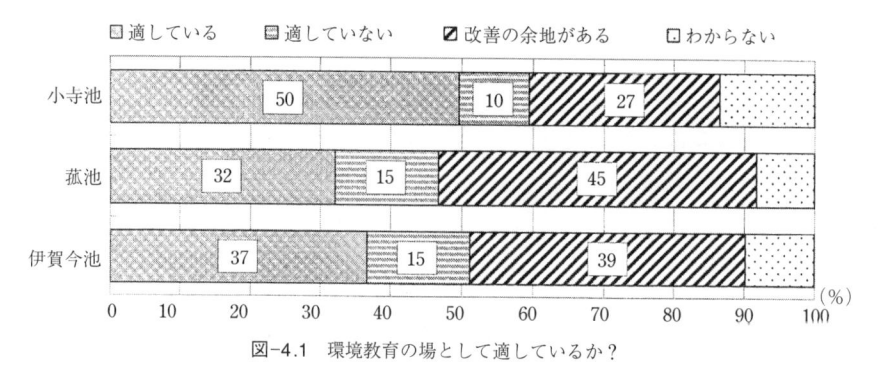

図-4.1 環境教育の場として適しているか？

4.2 環境教育の場としてのため池公園整備

ることで"自然"を感じている来園者が多いことによるものである。さらに，図書館と隣接していることが，より一層，環境教育の場として適しているという評価を高めている。

市街地にあるため池公園を環境教育の場として位置付けていくには，この小寺池公園のように，"自然"を感じ取れ，そこに近づきやすい雰囲気作りをすることが大切であるといえる。

次に，利用者に対して環境教育の場として必要な施設は何かについてアンケート調査した。調査結果を図-4.2に示す。最も多い回答は「動植物などの説明看板」であり，全体的に多いのは「植物」，「魚や水生生物」，「鳥や昆虫」，「自然観察園」，

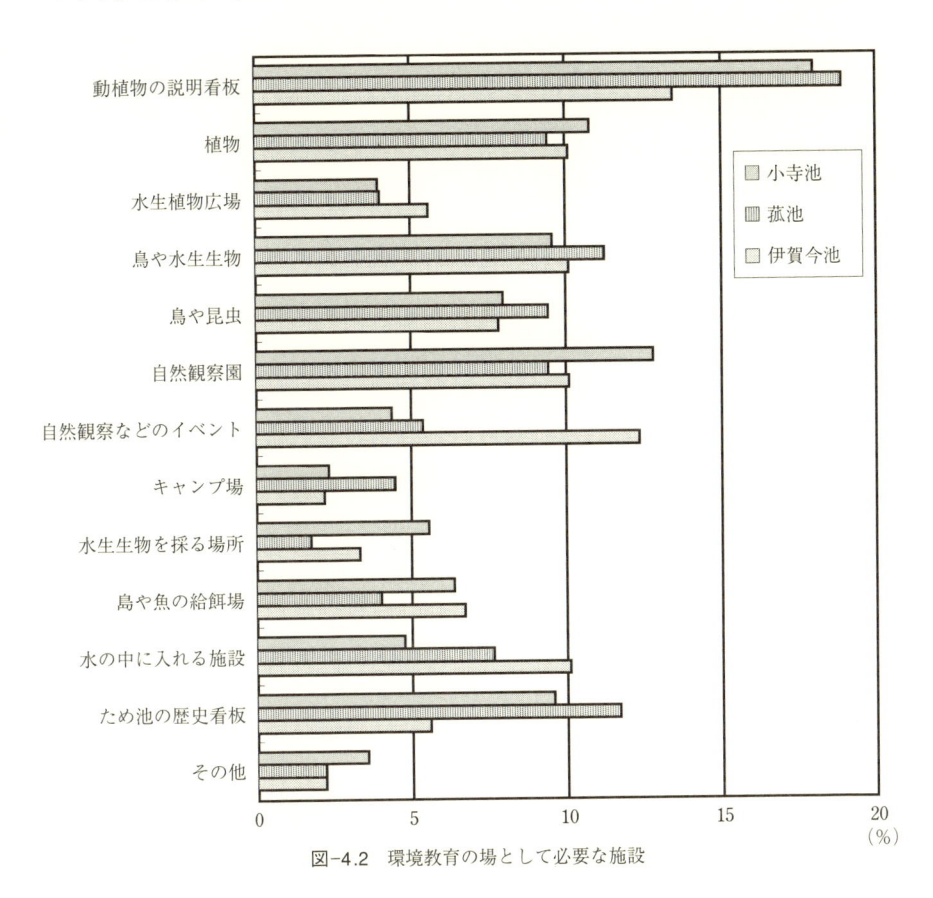

図-4.2 環境教育の場として必要な施設

「ため池の歴史看板」となった。「水の中に入れる場所」というのはあまり目立たない結果となり，「環境教育の場として適している」と利用者が評価している小寺池において最も回答者の割合が低い。これより，子供たちがため池の中に入らなくても，そこに存在する動植物(「植物」，「魚や水生生物」，「鳥や昆虫」)をより身近に感じ，それを知ることのできる施設が利用者に望まれる環境教育施設であると考えられる。

その観点から菰池，伊賀今池の問題点を検討すると，次のようになる。
① 直接水の中に入れる親水施設が存在するが，利用者が水に対して悪いイメージを持っているために，逆に池水にふれあいにくさを感じている。
② 池水とのふれあいにくさから，利用者はため池内の生物や水鳥との関わりをあまり感じていない。

環境教育施設の場として「適している」と回答した人が多い小寺池の施設の特徴を以下に示す。
① 池水とふれあう親水施設がため池の上部に張り出した「水上デッキ」となっており，直接水の中に入らず，小さな子供でも気軽に池水に近づける。またそこにベンチが設置されており，休息しながら池水内の水生生物，水鳥を観察できる。
② 水生植物や草花が小規模ながら豊富である。
③ ため池の生態系に配慮し，水鳥が飛来する浮き島が存在する。

今後，ため池公園を市民自らが自分の子供たちなどに環境教育を行っていく場として育てていくには，直接的に水と親しむ場を整備するばかりでなく，水のある景観を楽しむ場，空間的な余裕を感じ取れる場を整備することも必要である。

4.2.2 環境教育効果を高める方法

「環境教育の場として適している」という判断と，ため池公園の水辺空間がもたらす「自然と親しみやすい」というイメージには，相関関係が見られた。そこで，公園利用者が「自然と親しみやすい」空間をどのように捉えているのかを因子分析により検討してみた。この結果を表-4.1に示す。ここであげた項目は，「自然と親しみやすい」を含めて，水辺空間に対するイメージの形容詞である。

まず，各因子軸の意味を解釈すると，すべてのため池公園で水に関する軸，緑

4.2 環境教育の場としてのため池公園整備

表-4.1 因子分析結果

	小寺池(0.15 mg/L)		菰池(0.85 mg/L)			伊賀今池(0.57 mg/L)	
	第1軸	第2軸	第1軸	第2軸	第3軸	第1軸	第2軸
水のきれいさ	0.723	−0.052	0.086	0.916	0.067	0.774	0.179
水の臭い	0.576	0.175	0.194	0.873	0.077	0.851	0.183
緑の多さ	0.762	0.308	0.781	−0.112	0.241	0.044	0.772
草花の多さ	0.779	0.180	0.647	0.273	0.129	0.218	0.771
魚の多さ	−0.055	0.841	−0.076	0.121	0.839	0.886	0.075
鳥の多さ	0.094	0.789	0.187	−0.006	0.822	0.830	0.187
昆虫の多さ	0.603	0.095	0.299	0.272	0.280	0.691	0.278
自然的	0.390	0.547	0.735	0.286	−0.176	0.336	0.739
自然と親しみやすい	0.323	0.629	0.484	0.093	0.516	0.672	0.423

や草花に関する軸，生物の多さに関する軸，またはこれらが組み合わさった軸が存在している。ここで「自然との親しみやすさ」について因子負荷量が大きくなっている軸は，すべての軸となっている。これより，「自然との親しみやすさ」を高め，環境教育の場としての効果を高めるためには，ため池，またはその周辺に存在する動植物などの生態系を充実させることが必要である。

そのためには，例えば，ため池に形成される生態系の特徴的な要素である水草を豊かにするため，水際に段差をなくし，これを土や植生で覆うこと，水底を土壌とすることなどの工夫が必要である[2]。また，物理的環境要素を多様化することが生物群集を多様化させる[3]ため，多くの環境要素を取り入れた整備計画とすることも必要である。

4.2.3 ため池公園の持つ環境資源価値の環境教育への活用方法

ため池公園の持つ環境資源価値を，「広く市民に利用される」，「ため池のもたらす親水機能を生かす」，「環境教育の場として活用する」という3つの観点から，これまで以上に活用していくことを考えると，市民は行政と協力しつつ，自分たちのできるところから，次のようなことに取り組んでいくことが大切である。

(1) 広く市民に利用されるため池公園整備

広く市民に利用してもらうためには，ため池公園独自の魅力を与える整備が必

要であり，"水辺のオープンスペース"という開放感を生かし，近づきやすさ，利用しやすさにつながる施設整備が必要である。

(2) 親水機能を生かすためため池公園整備

利用者は，ため池公園から，「潤い」，「涼しい」，「利用しやすい」，「近づきやすい」などの心理的満足機能，空間的機能を感じているが，その一方で，「水に触れたくない」，「人工的」というマイナスの印象も受けている。

これより，親水機能を生かすには，次の点に留意する必要がある。
① 心理的(潤い，涼しさ)，空間的な満足感(開放感，近づきやすさ)を感じることができ，より自然に近い状態でため池公園を整備する。
② 直接水に触れるような施設を整備する際には，まず，利用者が触れたくなるような水質にまで池水を浄化することが必要であり，特に栄養塩類の除去が必要である。

(3) 環境教育の場としてのため池公園整備

環境教育の場として適する公園とは，ため池の持つ自然的要素と親しみやすい公園であり，そのためには，①良好な水質を持ち，②動植物の多い公園とすることが必要である。そして，このようなため池公園の自然的要素を観察しやすい公園であることが望まれている。

(4) 環境資源価値の活用方法

水辺のオープンスペースとしての開放感や近づきやすさといったため池公園独自の魅力が感じられる施設整備を行うことが，環境資源活用として重要である。この魅力は，自然空間を全体的に保全することより得られるものである。公園に親水施設を整備しても，水質が良好でないと，利用者は親水行動をとろうとはしない。また，施設整備を進めることが，逆に，利用者に人工的すぎる印象を与え，公園の価値を低めている。

したがって，ため池の環境資源価値を活用するには，ため池の水質を改善し，自然的な空間を残しながら，利用しやすさを高めることが必要となる。また，直接的な親水活動のみだけでなく，水のある風景をゆとりある空間で眺めるといっ

た間接的な親水行動を促す施設整備を行うことも，ため池の価値を高めることにつながる。そして，ため池に成立している生態系を観察できる施設を設置すれば，環境教育の場としてもため池を活用でき，環境資源価値が高くなる。

4.3 水鳥とのふれあいによる環境教育

　多くの水鳥が飛来している昆陽池公園では，市街からの来園者を中心に，水鳥に餌やりをして，水鳥たちとふれあい，これによって子供たちに生き物の大切さを実感させ，生き物を思いやる気持ちを高めてもらいたいと思って訪れている人が数多くいる。

　その一方で，このような餌やりは，結果として過剰な餌を水鳥たちに与えることになり，これが，ため池の水質を悪化させる要因ともなっている。このため，この公園では，来園者による餌やりを禁止していた。

　このように池水に影響を与える給餌行動を禁止することに対して，水鳥を含めたため池公園全体の自然環境を意識する来園者は賛成しているが，"水鳥に餌を与える"ことが「子供の教育に良い」と意識する来園者は反対している。

　この餌やりを抑制してため池の水質保全を目指すには，来園者にため池全体の自然とふれあいを感じてもらい，それを保全しようという気持ちになってもらえるように配慮した施設整備を行うことが必要である。

　来園者に「自然と親しみやすさ」を感じてもらえる公園として整備するには，「生物と親しみやすさ」を重視した環境づくりを第一と考え，それに合わせて水質保全や周辺緑化などのため池公園全体の生態系を保全することが重要である。そのため，来園者が給餌行動という活動を通じて，生物とのふれあいを得ながらも水質を保全する施設を整備することが必要である。

　このような施設として"給餌池"がある。このようなため池公園の環境を保全していく施設は，来園者にとって格好の環境教育施設となろう。この給餌池や流入水を浄化する施設について，その役割と機能，施設による水質改善の状況を来園者にわかりやすく示し，さらに施設とその周辺を「環境教育の場として」整備することにより，これら施設を来園者に対する水辺環境保全意識の啓発に利用できる。

また，給餌場・給餌池に給餌行動と水質との関わりを示す情報パネル(給餌を行うことによる池水への影響についての絵など)を設け，水質保全のための情報提供を行うことも大切であろう。

　さらに，環境配慮型行動を促すために，住民参加型の水質改善活動を実施することも考えられる。例えば，給餌により蓄積された底泥の除去に，子供たちが野外学習の一環としての清掃活動として参加する。また，落ち葉の回収や，流入水の流入箇所のごみの除去などを，水辺で楽しくできるように配慮して，大人と子供が一緒になり保全活動に参加できる仕組みづくりを行うことなどが考えられる。

　公園管理者と市民が貴重な環境資源である市街地内のため池を有効活用できるように，施設整備面での創意工夫と利用面での多彩な配慮を行うことである。

　来園者の水辺環境の保全意識を高める公園施設整備と，水質改善を行う施設整備を組み合わせることにより水質を保全し，さらに，来園者により適した水辺利用行動を促し，来園者と一体となった水辺空間を保全する仕組みづくりを創り出してゆくことが，ため池公園を環境教育の場としてうまく活用していくために大切である。

参考文献

1) 鈴木紀雄と環境教育を考える会編，環境学と環境教育，2001，かもがわ出版.
2) 河野勝，日置佳之，田中隆，長田光世，須田真一，太田望洋：都市公園における水草豊かな池沼づくりのための基礎調査，環境システム研究，Vol.25, p.59-66, 1997.
3) 大西望洋，日置佳之，田中隆，須田真一，裏戸秀幸，養父志乃夫：創出した水域における空間と生物群集の対応関係の把握，環境システム研究，Vol.25, p.25-35, 1997.

第5章

水鳥とのふれあいから環境配慮意識の形成へ

5.1 ため池公園からの環境配慮意識の形成へ

　最近の子供たちはテレビやテレビゲームの普及，視聴時間の増加に伴い戸外における遊びの時間が減少し，自然体験や生活体験などの「体験」が不足していることが指摘されている(環境省，1997)。都会で生活する子供たちにとって，自然とのふれあいは，自然に対する豊かな感性を形成するうえで必要不可欠な体験である。しかし，自然志向やふれあい体験が過剰になり過ぎ，人間の都合を持ち込むと，自然破壊や生態系への悪影響をもたらしてしまう。
　学校や地域においては，水環境を切り口とした環境教育・環境学習の取組みがなされている。環境教育・環境学習を進めるにあたっては，①総合的であること，②目的を明確にすること，③体験を重視すること，④地域に根ざし，地域から広がるものであること，の4点が基本的な方向として，指摘されており，その中でも「体験を重視すること」が特に重要視されている[1]。また，児童期の自然とふれあう遊びの実践状況が成人後の環境配慮への知識や価値規範の形成要因になることが示されている[2]。
　このような情勢を考えると，都市空間の中に残されたため池と，それを中心に整備されたため池公園は，水辺環境に関わる体験を比較的容易に行える空間であり，これらをうまく活用すれば，普段の生活で自然との関わりが少なくなっている都市の子供たちに，自然とは何か，自然と人はどのように関わりを持っているのかなどを体験させることができるといえる。自然とふれあうことが少ない都会の中で，生き物と身近にふれあうことのできるような場所は，子供たちに生き物を大切にする心を育む場として活用できる。
　実際，第3章で対象とした昆陽池公園(以下：ため池公園)には秋から冬にか

けて多くの水鳥が飛来し，その水鳥を見物に多くの来園者が集まる都会のオアシスとして多くの人々に親しまれている。

しかし，本ため池公園では来園者が自然や水鳥とのふれあいを過剰に求めるため，給餌行動が頻繁に行われており，餌の残留物によるため池の水質汚濁が問題となっている。そのため，ため池公園では来園者による水鳥への給餌行動を禁止しており，禁止を訴える看板を多数配置している。しかし，来園者による給餌行動は行われ続けている。

なぜ，来園者は，給餌行動が禁止されているにも関わらず，これを行おうとするのであろうか。また，どのようにすれば水鳥とのふれあい行動によって，環境に配慮していこうという気持ちが形成されているのであろうか。これについて考えていく。

5.2 来園者の水質保全への意識

5.2.1 来園者の意識

季節によって来園者層が異なる(冬季には水鳥を目当てに来園する人が増加する)ことから，季節により2度にわたってアンケート調査を実施した。気温が高く水鳥の少ない夏季(9月)と，気温が低く水鳥が多い冬季(11月)である。

来訪者の給餌行動の禁止に関する意識の割合を図-5.1，5.2に示す。回答者の約75%が給餌行動の禁止を知っている。また，給餌行動禁止に賛成している来訪者の割合は，夏季85%，冬季72%であり，冬季の方が低くなった。冬季に

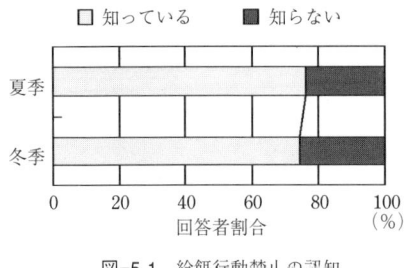

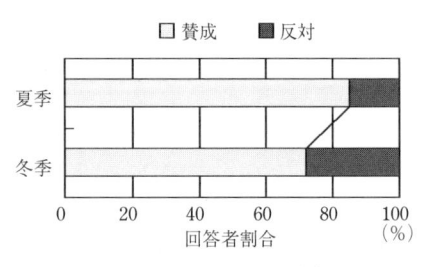

図-5.1　給餌行動禁止の認知　　　　図-5.2　給餌行動禁止に対する認否

は多くの水鳥が飛来することがマスコミで取り上げられ，公園来訪者による給餌行動風景が紙面などに載ること，市外在住者の割合が高いことが影響したと考えられる。

給餌行動の禁止に対する来園者の意識を市内居住者と市外居住者に分けて分析した。この結果を図-5.3に示す。

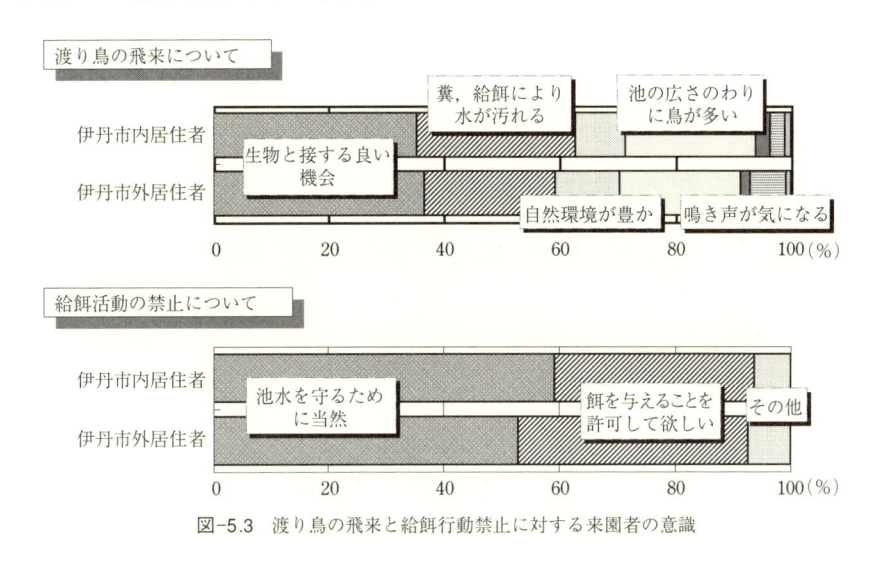

図-5.3 渡り鳥の飛来と給餌行動禁止に対する来園者の意識

まず，池への渡り鳥の飛来については，居住地による差はほとんどなく，約1/3の人々は「生物と接する良い機会」であると考えており，「自然環境が豊か」な証拠であるという意見を合わせると，およそ半数の人々は好意的に捉えている。その一方で，全体の約1/4の人々は，渡り鳥の飛来は「糞，給餌により水が汚れる」ことにつながると考えている。このように答えた人々は，渡り鳥の飛来そのものを否定的に見ているのではなく，その結果として生じている昆陽池の水質悪化に危機感を持っているのであろう。

また，給餌行動の禁止については，市外居住者，市内居住者ともに約半数以上の来園者が，給餌行動の禁止は「池水を守るために当然」と回答したが，「餌を与えることを許可して欲しい」としている人も約40％いる。このように答えた人の割合は，やはり，給餌目的で来園する市外居住者の方が多い。

第5章 水鳥とのふれあいから環境配慮意識の形成へ

　両者の意見が拮抗していることから，確かに，給餌行動は池の水質を守るためには禁止した方がよいのであるが，水鳥に餌をやるという非日常的な行動体験によって，自分たちの身の回りで生きる野生生物と関わりを持ち，これが環境意識を醸成させるという意義もあると人々が考え，悩んでいる様子がうかがえる。

　次に，来園者がこれらの意識を持つ要因を検討するために，数量化Ⅱ類を用いて給餌行動禁止の賛否について判別分析を行った。目的要因を「給餌行動の禁止に対する意識」として，各質問項目との独立性の検定を行った。その結果，有意水準1％，5％で次に示す説明要因が抽出できた。

目的要因	給餌行動の禁止に対する意識
説明要因	渡り鳥の飛来に対する意識，草花の量，水生生物の多さ，水質の変化，水の色，利用目的，来園手段，利用頻度，年代

　これら要因のカテゴリスコアを図-5.4に示す。図中のレンジは，レンジの幅が大きいほど，給餌行動の禁止に対する意識の判別に影響を与えていることを表す。また，（　）内の％値は，回答者の割合を示しており，カテゴリスコアが大きく，回答者の割合が高い場合，最も給餌行動禁止に対する意識が明確になる。

　これより，給餌行動に対する来園者の意識は次のようにまとめられる。

　　賛成意識　主に運動を目的に来園し(他に趣味)，水質の悪さや周辺の緑，水生生物などのため池の生態系に対して物足りなさを感じている来園者，また渡り鳥の飛来を自然環境の豊かさと捉えるなど，ため池の自然を重視し，保全しようと考えている来園者が給餌行動禁止に対して賛成している。

　　反対意識　年に数回の利用で，水質への意識が低く，水鳥とのふれあいや，それを子供の教育に利用しようと考えている来園者が給餌行動禁止に反対している。

　水鳥を含めたため池公園全体の自然的環境を意識している人々が給餌行動禁止に賛成し，"水鳥に餌を与える"ことが「子供の情操教育に良い」という自己の要求を満足させるためだけにため池公園と水鳥を捉えている人々が給餌行動禁止に反対している。後者の人々の意識を変えるには，"水鳥に餌を与える"ことが「子供の情操教育に良い」ではなく，"水質を守る意識を高める"ことが「子供の情操教育に良い」という意識を持ってもらうことが重要である。

5.2 来園者の水質保全への意識

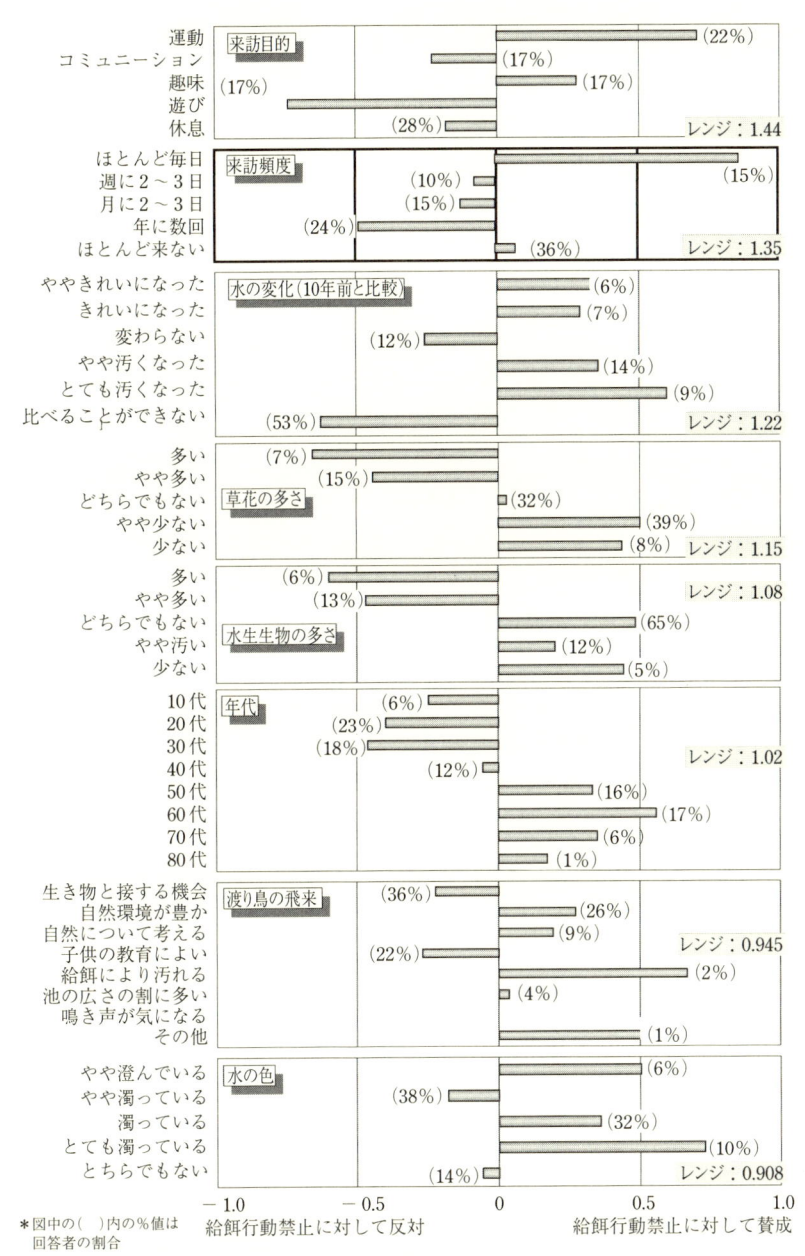

図-5.4 給餌行動禁止に対する意識に関するカテゴリスコア

来訪目的
- 運動 (22%)
- コミュニケーション (17%)
- 趣味 (17%) (17%)
- 遊び
- 休息 (28%)
- レンジ：1.44

来訪頻度
- ほとんど毎日
- 週に2～3日 (10%) (15%)
- 月に2～3日 (15%)
- 年に数回 (24%)
- ほとんど来ない (36%)
- レンジ：1.35

水の変化(10年前と比較)
- ややきれいになった (6%)
- きれいになった (7%)
- 変わらない (12%)
- やや汚くなった (14%)
- とても汚くなった (9%)
- 比べることができない (53%)
- レンジ：1.22

草花の多さ
- 多い (7%)
- やや多い (15%)
- どちらでもない (32%)
- やや少ない (39%)
- 少ない (8%)
- レンジ：1.15

水生生物の多さ
- 多い (6%)
- やや多い (13%)
- どちらでもない (65%)
- やや少ない (12%)
- 少ない (5%)
- レンジ：1.08

年代
- 10代 (6%)
- 20代 (23%)
- 30代 (18%)
- 40代 (12%)
- 50代 (16%)
- 60代 (17%)
- 70代 (6%)
- 80代 (1%)
- レンジ：1.02

渡り鳥の飛来
- 生き物と接する機会 (36%)
- 自然環境が豊か (26%)
- 自然について考える (9%)
- 子供の教育によい (22%)
- 給餌により汚れる (2%)
- 池の広さの割に多い (4%)
- 鳴き声が気になる
- その他 (1%)
- レンジ：0.945

水の色
- やや澄んでいる (6%)
- やや濁っている (38%)
- 濁っている (32%)
- とても濁っている (10%)
- どちらでもない (14%)
- レンジ：0.908

−1.0　　−0.5　　0　　0.5　　1.0
給餌行動禁止に対して反対　　給餌行動禁止に対して賛成

＊図中の( )内の%値は回答者の割合

5.2.2 意識構造の解析

来訪者の給餌行動に対する意識の判別傾向を把握し，意識の違いの要因を探った。

数量化 II 類のモデル式は以下の式を用いた[4]．

$$y_{hp} = \sum_{j=1}^{n} \sum_{k=1}^{l_j} a_{jk} x_{jkhp}$$

ここで，y_{hp}：目的変数，x_{jkhp}：説明変数，a_{jk}：カテゴリウエイト，j：アイテム $(1, 2, \cdots n)$，k：カテゴリ $(1, 2, \cdots l_j)$，h：群 $(1, 2)$，p：サンプル $(1, 2, \cdots qh)$，l_j：カテゴリ数，q_h：サンプル数である。

ここでアイテムとは，質問事項(例：給餌行動の禁止に賛成ですか)のことであり，カテゴリとはその答え(例：賛成/反対)のことである。

目的要因を「給餌行動の禁止に対する賛否」とするカテゴリスコアの分布を図-5.5 に示す。

最も高いレンジを示したのは，「給餌行動禁止の認知」であった。給餌行動の禁止を知っている来訪者ほど，給餌行動の禁止に賛成する傾向が強い。禁止の認知によって来訪者の意識に違いが生じるといえる。他にレンジの高いアイテムとしては，「利用頻度」，「居住地域」，「年齢」，「におい」，「アオコの発生」，「魚の大量死」がある。給餌行動禁止に賛成する人は，利用頻度が高い人，市内在住者，高い年齢層である。また，「におい」，「アオコの発生」，「魚の大量死」といった環境の変化を目撃している来訪者ほど禁止に賛成の傾向が強い。

5.2.3 給餌行動禁止への賛否

給餌池が整備される以前の平成 9 年 11 月においても，公園来訪者に昆陽池公園に対する意識調査を行っている。給餌池を設置したことによって来訪者の意識にどのような変化があったのかをアンケート調査結果の比較から明らかにした．ただし，平成 9 年度のアンケート調査実施時期は 11 月のみであったため，比較には冬季(11 月)のサンプルのみで行った。

前回と今回の調査では属性の男女比，年齢構成に若干違いがあるため，属性 (性別，年齢，居住地域)ごとに両者を比較した。また，表-5.1 に前回調査概要

5.2 来園者の水質保全への意識

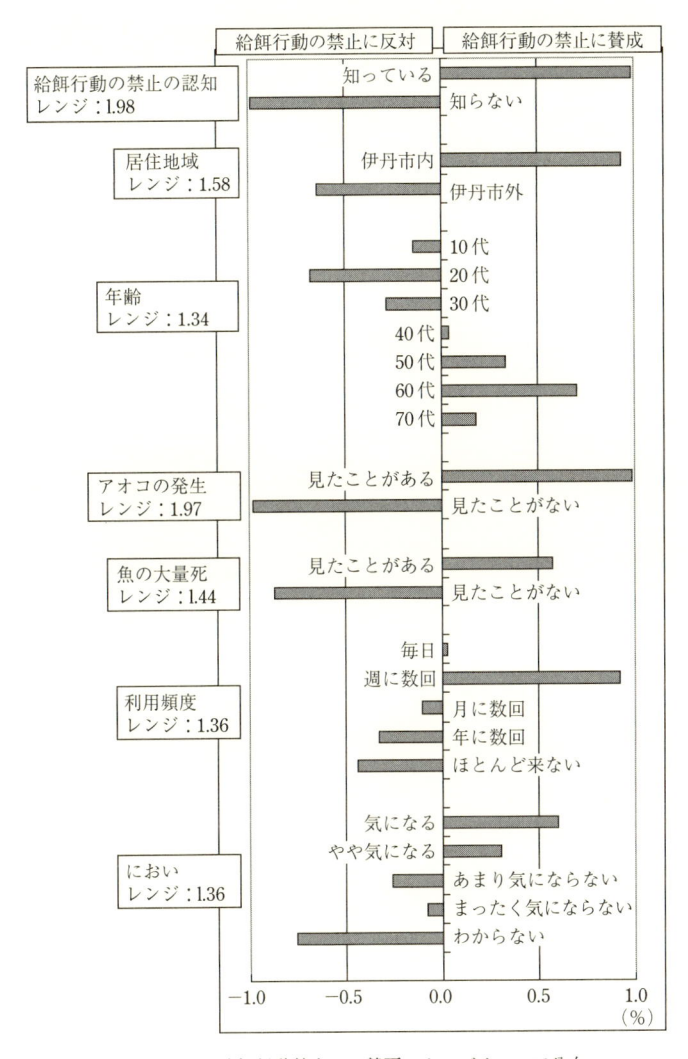

図-5.5 給餌行動禁止への賛否のカテゴリスコア分布

および属性を示す。

性別による給餌行動禁止に対する賛否の割合を図-5.6に示す。男性,女性ともに設置後は給餌行動禁止に賛成の割合が高くなっている。また,男性の方が女性に比べ給餌行動禁止に賛成している割合が高い。

第 5 章 水鳥とのふれあいから環境配慮意識の形成へ

表-5.1 前回の調査概要と回答者属性

調査年月		平成 9 年 11 月	
対象者数	510	有効回答数	498
男女比	男性：43 %　女性：57 %		
年齢	10 代：　5 % 20 代：16 % 30 代：19 % 40 代：10 % 50 代：20 % 60 代：22 % 70 代：　8 %		
居住地域	市内在住：43 %　市外在住：57 %		

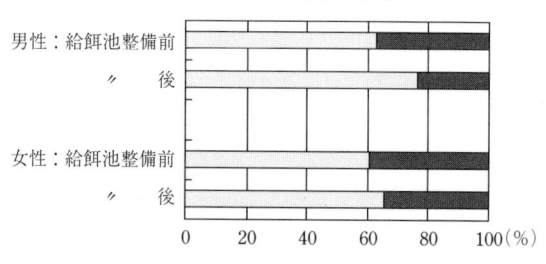

図-5.6 性別の給餌行動禁止に対する意識

　年齢別による賛否の割合を図-5.7 に示す。50 代を除いたすべての年齢層で，設置後は給餌行動禁止に賛成の割合が高くなっている。特に，30 代以下の若い世代で賛成と答えた回答者の割合が増加している。また，年齢が高くなるにつれて賛成する割合が高くなっている。

　居住地域別(伊丹市内在住，伊丹市外在住)による給餌行動禁止に対する賛否の割合を図-5.8 に示す。設置後は市内在住者，市外在住者ともに給餌行動禁止に賛成の割合が高くなっている。

　また，市内在住者の方が市外在住者に比べ，賛成と回答した人の増加割合が高い。これは，市内在住者の方が，昆陽池に愛着を持っており，関心が高いことによるものと考えられる。

　属性の違いによる影響はあるものの，給餌池設置後で，給餌行動禁止の賛成の割合が増えている。

　市外在住者や若い世代で給餌池設置前に給餌行動に反対と表明していた人が，

5.2 来園者の水質保全への意識

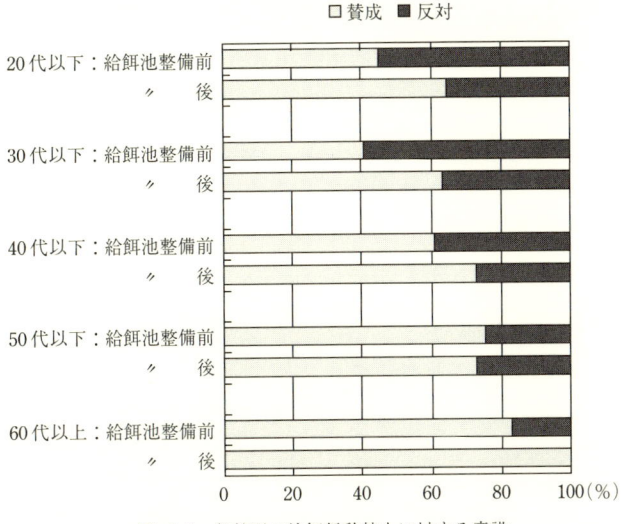

図-5.7 年齢別の給餌行動禁止に対する意識

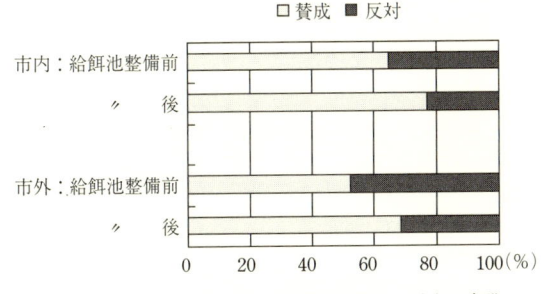

図-5.8 居住地域別の給餌行動禁止に対する意識

今回の調査時には，給餌活行動が自由な他の公園に移動したとも考えられる。しかし，この対象ため池公園の周辺には，水鳥が飛来するような公園は存在しないことから，このことは考えにくい。

5.3 情報提供による意識変化

前節では，給餌行動の禁止に関する情報の認知と，給餌行動の禁止に対する賛

95

否の判断に関連性があることが見られた。

そこで，アンケートより情報提供による来訪者の意識変化を調べた。なお，この調査は9月，11月に実施したアンケート調査の結果を踏まえ，アンケートの質問内容に追加事項を加え平成13年2月に実施した。アンケートの変更内容および調査概要を表-5.2に示す。

表-5.2　情報提供による意識変化調査概要

調査年月	平成13年2月	天候	晴れ，無風
対象者数	88	有効回答数	80
アンケート内容の追加事項	①給餌池設置目的の認知 ②給餌池設置目的の情報入手手段 ③給餌行動の禁止に関する情報提供による利用者の意識の変化		

アンケートでは，まず回答者に何も情報を与えない状態で，「給餌行動の禁止への賛否」について質問し，回答してもらい，その後で「給餌行動が水質悪化の要因の一つであり，そのために給餌行動が禁止されている」との情報を回答者に与え，もう一度同じ質問をした，この2つの結果より，情報提供による来訪者の意識変化について評価した(表-5.3)。

表-5.3　情報提供による給餌行動禁止への意識の変化

		情報提供後	
	給餌行動禁止に	賛成	反対
情報提供前	賛成	54人(68%)	2人(2%)
	反対	8人(10%)	16人(20%)

情報提供前に給餌行動禁止に反対していた回答者(24人)は情報提供後その1/3(8人)が，賛成に回っている。情報を提供することで，給餌行動が禁止されている理由を理解し，給餌行動に対する意識を変化させることができるといえる。

次に，給餌池の設置目的の認知状況を表-5.4に示す。給餌池の設置目的を知っている来訪者は80人中26人(32%)であった。給餌行動の禁止に賛成している人(56人)で，給餌池設置目的を知っている人は21人で半数弱と少なかった。給餌行動禁止に賛成していても，給餌池設置の目的は認識されていない。

表5.4に示した給餌池の設置目的を知っていると答えた来訪者(26人)の情報

5.3 情報提供による意識変化

表-5.4 給餌池の設置目的の認知状況

	給餌池の設置目的	
	知っている	知らない
給餌行動の禁止に賛成	21人(26 %)	35人(44 %)
給餌行動の禁止に反対	5人(6 %)	19人(24 %)

入手手段を市内在住者(14人),市外在住者(12人)別に図-5.9に示す。居住地域によって,情報入手手段が変わることがわかる。市内在住者は回覧板,広報といった地域の情報紙からの入手割合が高い。

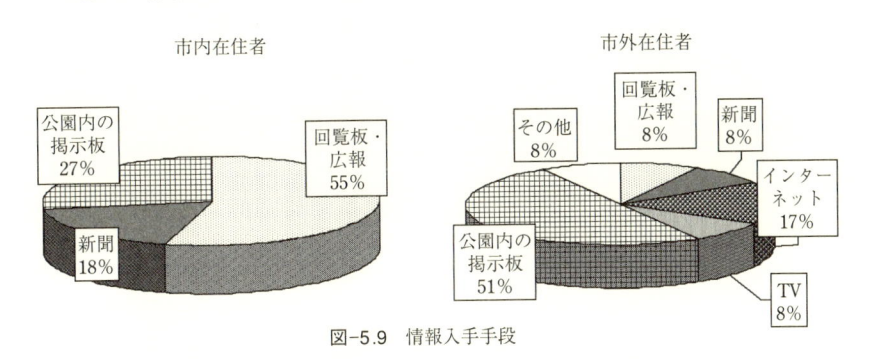

市内在住者
- 公園内の掲示板 27%
- 回覧板・広報 55%
- 新聞 18%

市外在住者
- その他 8%
- 回覧板・広報 8%
- 新聞 8%
- インターネット 17%
- TV 8%
- 公園内の掲示板 51%

図-5.9 情報入手手段

一方,市外在住者には,ため池公園内の掲示板と答えた来訪者の割合が高く,ため池公園を訪れて初めて情報を得る割合が高くなっている。しかし,現在,施設付近には,そのような情報を提示しているものはないため,給餌池整備時,整備直後に設置されていた掲示板によって情報を入手したものと考えられる。施設付近での情報発信源がない現在の状況では,ため池内の掲示板からの情報を主としている市外在住者などには,情報が提供されにくく,時が経てば経つほど給餌池の設置理由の認識が低くなることが考えられる。

昆陽池のように市外からも多くの利用者が訪問する場合で,広く多くの人に情報を提供するには,広報などで情報提供を継続するとともに,施設付近で掲示板などの情報発信源を設けることで,より効果的な情報提供が可能になる。また,情報提供することで,来訪者の環境に対する意識を高めることができると考える。

5.4 給餌行動禁止への意識

　給餌行動の禁止に対する意識の解析を行った。給餌目的来園者と給餌外目的来園者の行為の禁止に対する意識を比較し，目的の違いによる来園者の意識の違いを把握した。そして，禁止とわかっていながら給餌行動をしてしまう要因について検討し，その抑制策を提案してみる。

　アンケート調査は，ため池来園者に対して直接面談方式にて行った。調査は渡り鳥の飛来する 11 月～2 月にかけて，来園者の多い土曜日を中心に実施した。アンケート調査の概要を表-5.5 に示す。

表-5.5　アンケート調査の概要

調査期間	平成 13 年 11 月初旬～平成 14 年 2 月上旬
調査方法	昆陽池にて直接面談方式
調査項目	・利用頻度 ・利用目的 ・水質に対する評価 ・公園全体のイメージ ・給餌行動に対する意識 ・ため池公園の役割 　　　　　　　　　　など全 16 項目
有効回答数	303

5.4.1　来園目的と給餌行動禁止への意識

　回答者属性および来園目的を表-5.6 に示す。来園目的の「給餌目的」とは公園に給餌を行う目的で来た人(以下：給餌目的)を意味し，「給餌外目的」とは公園に散歩やジョギングなど給餌以外の目的で来た人(以下：給餌外目的)を意味する。

　属性ごとの来園目的の割合を図-5.10 に示す。給餌目的来園者の割合が高いのは 30 代以下の若い世代で，居住地別では市外来園者，利用頻度では月に数回，年に数回といった，たまに公園を訪問する来園者である。

　30 代以下の若い年齢層において給餌目的の来園者が多いのは，30 代以下では子供連れの来園者が多いため(図-5.11)と考えられる。子供連れの来園者と目的の関連を図-5.12 に示す。子供連れの来園者は給餌を目的とする割合が子供なし

5.4 給餌行動禁止への意識

表-5.6 回答者属性

回答者属性	性別	男性：41 %　女性：59 %
	年齢	10代： 5 % 20代：21 % 30代：30 % 40代：11 % 50代： 9 % 60代：18 % 70代： 6 %
	居住地	市内：59 %　市外：41 %
来園目的		給餌目的：20 %，給餌外目的：80 %

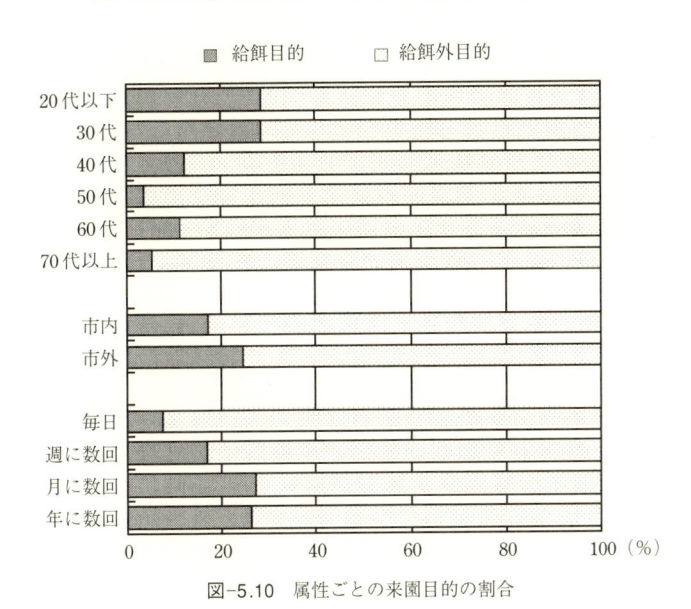

図-5.10 属性ごとの来園目的の割合

の来園者に比べ高い。

5.4.2 賛成意識・反対意識

ため池公園では水質悪化を防ぐため，来園者による給餌行動を禁止しており，公園内には来園者の給餌行動は禁止と書かれた内容の看板が数箇所ある。また，市のホームページでも給餌行動の禁止に関する説明がある。来園者の給餌行動の禁止に対する認知度を図-5.13に示す。来園目的に関わらず，来園者の約 65 %

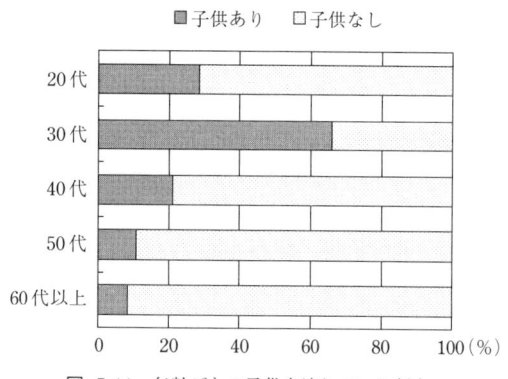

第 5 章　水鳥とのふれあいから環境配慮意識の形成へ

図-5.11　年齢ごとの子供を連れている割合

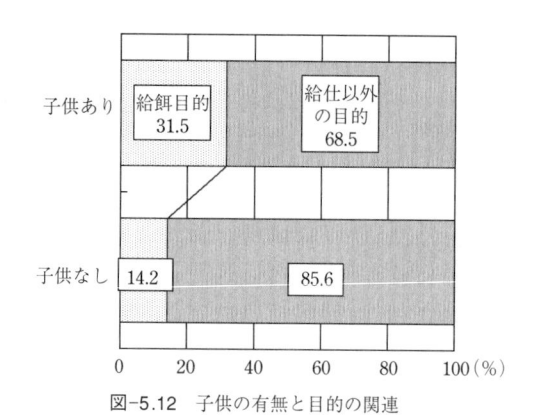

図-5.12　子供の有無と目的の関連

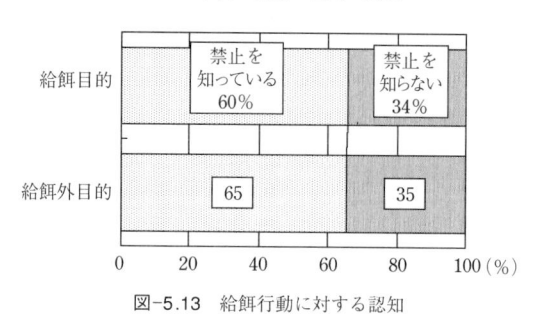

図-5.13　給餌行動に対する認知

は給餌行動が禁止されていることを認知している。

　給餌行動の禁止に対する賛否の割合を図-5.14に示す。給餌目的来園者は給餌

5.4 給餌行動禁止への意識

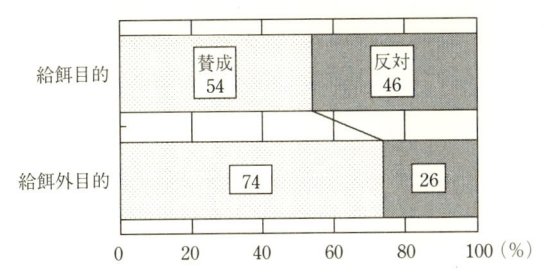

図-5.14 各属性別の給餌行動の禁止に対する賛否の割合

外目的来園者と比較すると，給餌行動禁止に反対している人の割合が多い。また，給餌目的来園者の半数は給餌行動の禁止に賛成しながら，給餌行動を行っていることがわかる。

各属性の賛否の割合を図-5.15に示す。先に述べたように給餌目的来園者は30代以下の世代と，市外在住者，あまり公園を利用しない人に多いため，これらの人たちでは禁止に賛成する人の割合が少ない。

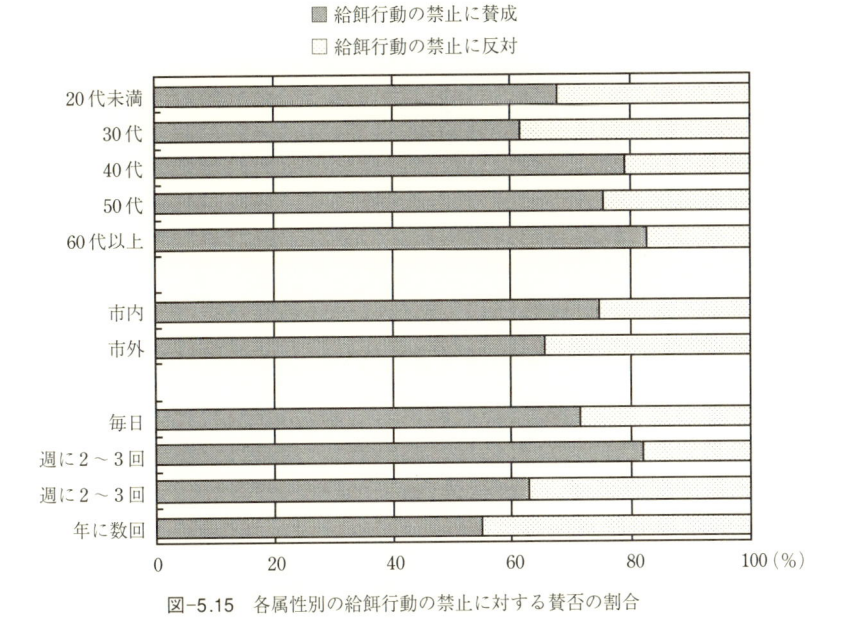

図-5.15 各属性別の給餌行動の禁止に対する賛否の割合

5.4.3 禁止されている給餌行動を実行する理由

年齢や居住地域，利用頻度の違いにより給餌行動の禁止に対する賛否が異なることから，これらの属性に着目して，禁止されている給餌行動を実行してしまう理由を解析してみる。

子供連れの来園者と子供なしの来園者の水鳥の存在に対する意識の比較を行うと，その意識には違いが見られた（図-5.16）。その中で「水鳥の存在が子供の情操教育のために良いか」という項目に対して，子供を連れた来園者では70％以上が良いと答えているのに対し，子供なしの来園者では約35％であった。子供の存在の有無で水鳥の存在が情操教育に良いという考えに違いが見られる。

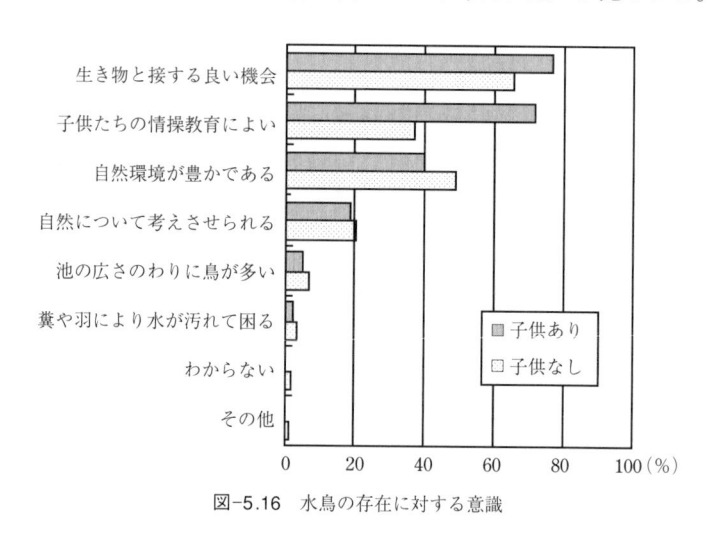

図-5.16　水鳥の存在に対する意識

居住地域別に来訪頻度を示したものを図-5.17に示す。市内在住者は利用頻度の高い層（毎日，週に数回）が60％以上を占めるのに対して，市外在住の来園者では5％程度である。市外在住者はため池に来る頻度が少ないため，給餌行動が日常生活で体験しにくい行為であること，野鳥とふれあえる数少ない経験であることから，給餌行動を行っていると考えられる。

30代以下の子供連れの来園者や市外在住の来園者に給餌行動を行っている人の割合が多かった。都会の中でこのような貴重な体験ができる場所は数少なく，給餌行動の禁止によって，生き物とふれあう機会を奪ってしまうことは，子供の

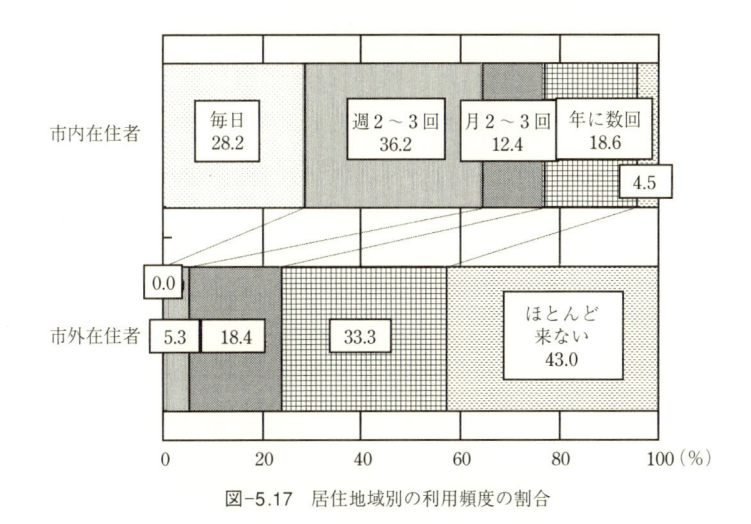

5.5 給餌行動の抑制と意識

図-5.17 居住地域別の利用頻度の割合

市内在住者: 毎日 28.2／週2～3回 36.2／月2～3回 12.4／年に数回 18.6／4.5
市外在住者: 0.0／5.3／18.4／33.3／ほとんど来ない 43.0

情操教育という側面からすると必ずしも良いとはいえない．生き物とふれあうことは，生き物の命を大切にする心を育むという効果があると考らえられる．したがって，水質を守りながらも，子供たちに給餌行動を通じた生き物とのふれあいの場を設ける必要がある．

両者を満たす対策の一つとして，定期的に行われている公園管理者による給餌行動を来園者に公開し，要望に応じて来園者にも給餌行動を行ってもらうことを提案する．管理者による給餌は毎日決められた時間に行われているが，管理者の与える餌の一部を来園者に提供し，給餌行動を行ってもらう．給餌を来園者に公開する日時を公園内の看板や市外在住者用にホームページ上に掲載し，給餌行動を望む来園者はその日程に従って公園に集まるという仕組みが考えられる．

5.5 給餌行動の抑制と意識

禁止されている給餌行動をなぜ行うのか，さらに分析するため，心理的な側面からのアプローチを試みた．

5.5.1 分析手法

広瀬[6]によると，人が環境配慮の意識を環境配慮行動に結び付けるためには，「その問題の深刻さを認知していること」，「対処行動を実行したときの有効性を感じていること」についての2つの認知が必要であり，また，「他者全体の動向」についての予測は事態の深刻さとその発生可能性についての認知を媒介にして，その個人の環境配慮行動に間接的にも影響を及ぼすとされている。

したがって，「その問題の深刻さを認知していること」，「対処行動を実行したときの有効性を感じていること」，「他者が環境配慮行動を行っていると認識すること」の3つの意識形成が確立されれば，意識が行動に結び付くと考えられる（表-5.7，図-5.18）。

表-5.7 環境にやさしい態度の形成

環境リスク認知	環境汚染による被害の深刻さやその発生可能性についてのリスク認知
	マスメディアの情報量の多少が影響
責任帰属認知	環境汚染の原因がどこにあるかという責任帰属の認知
	例）自動車排ガスによる大気汚染に対して責任を感じるドライバーは，アイドリングストップを実践
対処有効性認知	なんらかの対処によって環境問題を解決できるとする対処有効性の認知
	例）自分の行動が環境問題の解決に貢献できるという意識の強い人ほど，環境保護運動に参加

しかし，これらにより，環境にやさしい態度を持つようになっても，実際にその態度に一致した行動をとるとは限らない。この態度による行動への意図は，表-5.8に示す3つの観点から評価がなされ，その評価結果からこうどうを実践するかどうかが決断される。

したがって，環境配慮行動を引き出すためには，
⇒それぞれの認知や評価の変容を促すこと，
⇒各認知と態度との関連や，各行動評価と行動意図との関連を強めること，
が必要となる。

ここでは，次の3つの認識による意識形成で「給餌行動は水質保全のために禁止されているので行ってはいけない」という意識が，給餌行動を抑制する行動に結び付くと考えた。

5.5 給餌行動の抑制と意識

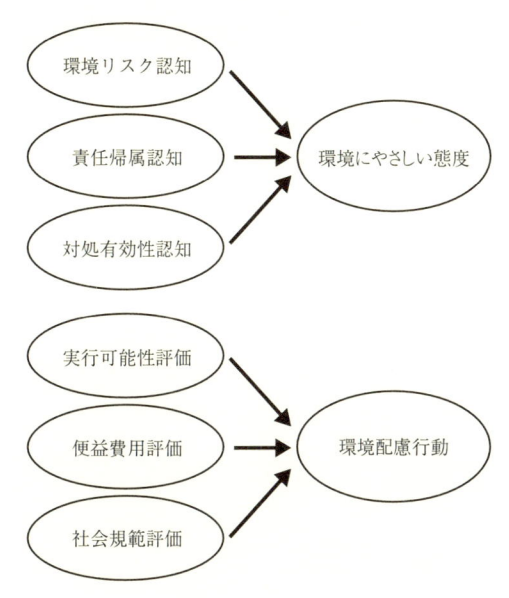

図-5.18 環境配慮行動の意思決定プロセス

表-5.8 環境配慮の行動意図に基づく行動実行

実行可能性評価	考えている環境配慮行動を実際に自分が実行可能であるかどうかの評価
	特別の知識や技術が必要かどうか。また，そのような技術などを持っているか
	行動の実行を容易にする社会的な仕組みがあるかどうか。
便益費用評価	環境配慮行動に切り替えると，今までよりも便利さや快適さがどれほど損なわれるかの評価
	ある程度の手間やコストを受忍できるか否かの評価
	ごみ分別の手間を受忍できない人は，分別に非協力的
社会規範評価	意図する行動が近隣や社会の規範に合致しているかどうかの評価
	自分の周囲の人の多数が実行している行動なら，実行しやすい

① 水質の悪化を感じ，水質改善の必要性を強く認識していること（水質悪化問題の認識）。

② 給餌行動は水質の悪化を進行させるという認識があること（給餌行動の水質悪化への影響の認識）。

③ 他者が給餌行動を行っているとの認識があること（他人が給餌行動を行っ

ていることの認識)。

5.5.2 環境配慮行動形成のための認識状況

図-5.19に示すように水質悪化問題の認識の割合は，給餌目的来園者で41.5％，給餌目的外来園者で47.2％と後者の方が割合は多かった。来園目的別に有意差を検定した結果，有意確率0.32で両者に有意差は認められなかった。したがって，水質悪化問題を認識しているかどうかは，給餌行動をとるかどうかには影響していない。来園者の60％以上が池の水に汚さを感じているが，水質悪化問題を認識している来園者は40％程度であるため，その割合は低いといえる。これはため池の水そのものが日常生活では利用されないことや，水に触れて遊ぶこともないなど，直接的に水との接点がないために水質悪化問題への認識が弱いためと考えられる。

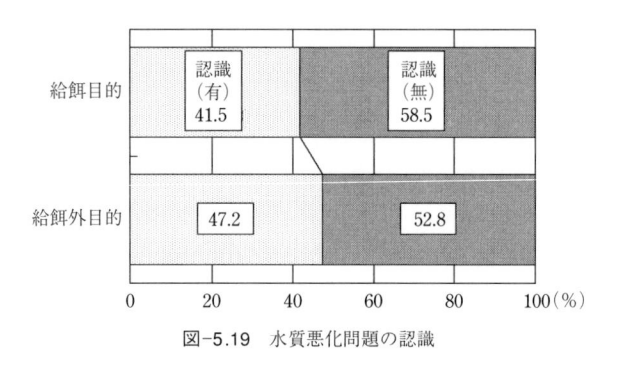

図-5.19 水質悪化問題の認識

次に，給餌行動が水質悪化を引き起こす要因であることを認識しているかどうかが来園目的と関連しているのかを検討する。来園目的別の水質悪化への影響の認識状況を図-5.20に示す。給餌外目的来園者は約70％の人が認識しているが，給餌目的来園者の認識割合は50％しかない。言い換えれば，給餌目的来園者の半数は給餌行動によって水が汚れると認識していながら給餌行動を行っている。

最後に，他人が給餌行動を行っていることの認識状況を図-5.21に示す。給餌目的来園者は，自分以外の来園者も給餌行動を行っている認識が強くあり，給餌外目的来園者と大きく認識が異なる。給餌目的の人は，他の人も給餌をしている

5.5 給餌行動の抑制と意識

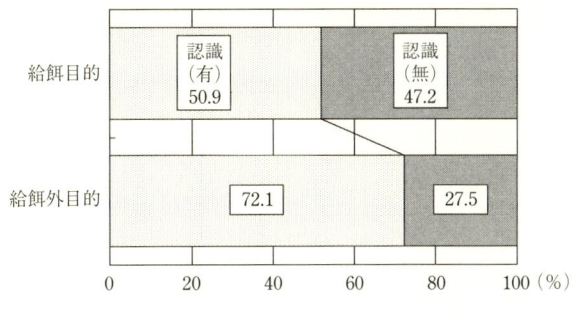

図-5.20 給餌行動による水質悪化への影響の認識

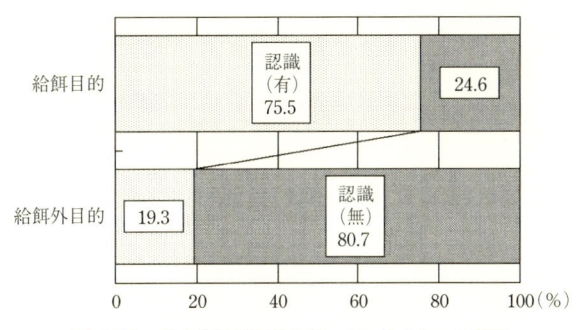

図-5.21 他人が給餌行動を行っていることへの認識

ので自分も行うといった他者の行動につられてしまう，あるいは他者を理由に給餌行動を正当化してしまう人がいると考えられる．来園者がこのような身勝手な判断をしないようにするための対策が必要である．

5.5.3 環境配慮行動に向けた環境配慮意識形成

来園者の給餌行動への意識を心理的な側面から分析した結果，3つのことが明らかになった．第一に来園者の多くは池の水が汚れていることに対して，水質改善の必要性を強く感じていない．第二に給餌目的の来園者は給餌行動によって水が汚れるという認識が薄い．第三に給餌目的来園者は，自分以外の来園者も禁止されている給餌行動を行っているという認識が強い．

禁止に賛成という判断を給餌行動の抑制に結び付けるためは，それらを関連づ

けるアプローチが必要であると考えられる。しかし，ため池公園ではそのようなアプローチとなる取組みや整備は行われていない。水鳥が手の届く所まで近寄ってきて，容易に給餌行動が行える状況があったり，来園者が給餌行動を行っている光景が頻繁に見られたりするため，給餌行動を行ってもよいという雰囲気がその場にある。したがって，来園者にとっては給餌行動を抑制しようとする意識は行動にまで至らないことが予想される。

　意識と行動を関連付けるアプローチとしては，これまで考察した3つの認識を向上させるような情報提供，取組みが必要である。給餌行動が禁止されている理由を提示することによって，禁止に反対の来園者が禁止に賛成に変わることは明らかになっている(渡邉，2001)。3つの認識を向上させるためには，給餌行動禁止の理由だけでなく，池の汚れている現状，給餌行動による水質への影響を具体的に示した情報を来園者の多くが認識できるように提供する必要がある。

5.6　水鳥とのふれあい行動を通じた環境配慮意識形成

5.6.1　意識・行動分析

　水鳥の多いため池公園への来園者を対象に，ため池の水質保全のために来園者による給餌行動が禁止されていることに対する意識を解析してみた。給餌行動が禁止されていることを来園者の多くが認知していること，および市外や低年齢層の来園者は，給餌行動の禁止に反対する割合が他と比べて高いものであった。また，給餌行動は禁止されているという情報を来園者に提示すると，給餌行動の禁止に賛成する来園者の割合は増加することも予想できた。

　給餌行動が禁止行為であることは，多くの来訪者が知っており，賛成しているが，属性の違いによって賛否の状況に違いが生じてくるものであった。市外からの来訪者や低年齢層では，給餌行動禁止に反対する来訪者の割合が他と比べて高くなる。これは，このような来訪者においては，この公園へ"水鳥へ餌をあげるため"に訪れる人が多いためである。

　市外在住者や低年齢層の来訪者の給餌行動禁止に反対する割合が高い原因として次のことが推察される。

20代，30代の低年齢層は，子供連れの割合が高く，調査時において，親が子供と一緒に給餌行動を楽しんでいる光景が頻繁に観察できた。幼い子供にとって，このような給餌体験は，成育過程で貴重な体験であるために，子供を遊ばせようとする親の意識が強く，給餌行動を控えようとする環境配慮意識を上回ったと考えられる。また，情報入手手段においても，給餌行動の禁止に反対する傾向が強い若い世代，市外在住者は，回覧板や広報のような情報媒体を目にする機会は少ない。

　給餌池設置後には，給餌行動禁止に賛成する来訪者の割合が高くなった。これは給餌池設置前後の回答者属性に違いがあり，判別分析の結果で明らかにしたように属性の違いが給餌行動禁止に対する賛否の割合に影響したといえる。情報提供により来訪者の意識が変わることが明らかになった。

　これより，昆陽池公園における環境保全の対策としては，水質悪化の原因，給餌池の設置目的などを掲示板などにより示すことが重要であることが指摘できる。また，提供する情報を常にリフレッシュして，来園者の興味を惹き付けるように工夫することが必要であり，来訪者が必ず目に付くような場所に情報を提示することが，来園者の環境配慮意識の形成に必要である。掲示期間も施設建設時，建設直後だけでなく，施設設置後も継続的に情報を掲示することが効果的であると考える。

　また，ただ情報を掲示しているだけでは，掲示期間が長くなればなるほど，その情報に対する人の関心が低くなることが予想されるため，提供する情報の内容や掲示方法の工夫が必要である。施設の目的や効果と同時に，例えば現在の水質をデジタル表示し，それを環境基準と照らし合わせたり，鳥の数や種類，天候，池の水質状態をリアルタイムで表示が変わるようにしたりするなど，人々の関心の引くような情報内容，掲示方法が有効である。

5.6.2 心理的解析

　しかし，給餌行動が禁止されていることを来園者の多くが認知しているにも関わらず，給餌行動を行う要因までは明らかにできなかった。

　そこで，次に，給餌行動が禁止されているため池公園において給餌行動を実行してしまう要因について心理的な検討を行い，給餌行動の抑制策について考えて

みた。

　給餌目的の来園者と給餌外目的来園者では，ため池の汚さに対する感じ方や，給餌行動の禁止に対する認知度に違いはない。しかし，給餌行動禁止に対しては，給餌目的の来園者の方が賛成の割合が低い。

　給餌行動実施の要因は，20代，30代の子供連れの来園者が生き物とふれあえ，情操教育に良いと考え子供に給餌行動を体験させていること，来訪頻度の少ない市外居住者が，給餌行動が目新しく，野鳥とふれあえる数少ない経験であることが考えられる。

　来園者の給餌行動への意識を心理的な側面から分析した結果，給餌行動目的者の約半数は，自らの給餌行動によって水質が悪化していると認識を持ちながら，給餌行動を実施しており，両者の意識の形成を行うことが給餌行動を抑制することにつながる。

　ため池公園では来園者の給餌行動を禁止している。しかし，来園者の中には給餌行動が水質悪化の要因となることを認知し，禁止されていることに賛成しながら給餌を行っている人たちがいる。その要因として，給餌行動を抑制する行動に必要な意識形成ができていないこと明らかになった。

　管理体制を強くして強制的に給餌行動を禁止させるのではなく，給餌行動による影響や池の現状を理解したうえで，来園者が自主的に判断し行動をとるような仕組みづくりが重要であると思う。

参考文献

1) 松村隆：持続可能な社会実現のための環境教育，環境学習，水環境学会誌，pp.1-5，2001.2.
2) 白井信雄：環境配慮意識の形成要因としての自然とふれあう遊びに関する研究，環境情報科学論文，環境情報科学センター，1996.
3) 松村隆：持続可能な社会実現のための環境教育，環境学習，水環境学会誌，pp.1-5，2001.2.
4) 菅民郎：すべてがわかるアンケートデータの分解，現代数学社，pp237-257，1998.11.
5) 島谷幸宏，皆川朋子：河川景観からみた河川水質に関する研究，環境システム研究論文集，pp.67～75，土木学会環境システム委員会，1998.
6) 広瀬幸雄：環境と消費の社会心理学，pp.28～29，名古屋大学出版，1995.

第6章
癒し空間としての水辺のある公園づくり

　ため池公園がもたらしてくれるものとして，都市化が進んだ市街地での自然的環境の提供による安らぎと，ため池をすみかとする水鳥たちの姿を眺め，場合によっては餌をあげることによって，生き物と人間との関わり方を学ぶことがあった。

　実は，これら以外にも，ため池公園が私たちに与えてくれるものがある。それは，"眺望空間"である。多くの都市居住者にとって，日常の生活の中で遮るもののないまとまった空間を眺望できることは少ない。人は，本能的に眺望がとれる場所を好むといわれており，このような本能的な部分に訴えてくるような体験を，ため池公園は，私たちにもたらしてくれているのである。

　最終章ではこのことについて考える。

6.1　密集市街地でのオープンスペースの魅力とは

6.1.1　オープンスペースとは

　人間とモノが過密化してゆく都市の中で，市民が比較的自由に立ち入ることができ，遊んだり自然とふれあったりする場としてオープンスペースはなくてはならない存在である。オープンスペースは，レクリエーションの場としてだけでなく，気候調節，防災など様々な機能・効果を持ち，都市のインフラストラクチャーとして大きな役割を担っているため，その重要性が見直されている[1],[2]。

　都市化が進展して市街化地域が広がってくると，多くの市民にとって身近なオープンスペースといえば，公園がその代表になると考えられる。しかし，現在，都市にある公園施設はどこでも遊具や樹木が散らばっている特徴のないプランが多い。ブランコや滑り台などは十数年変わらぬデザインであるし，逆に最近では，

第6章 癒し空間としての水辺のある公園づくり

目先を変えるための設計者の思いつき的発想によるのではないかと思われるような遊具の造形化，彫刻化が一般化する傾向が見られる[3]。また，地方都市では児童公園はあまり利用されず，中に雑草に覆われ地域に根づかない公園も見られる。その背景としては，敷地形状が悪い上に面積が狭小であったり，遊具などの配置から広場が狭かったり，地域的な利用を阻害している[4]。

都市公園の整備は昭和47年度から開始された6次にわたる都市公園など整備7ヵ年計画により急速に発展してきているが，平成15年度末1人当りの公園面積は8.7 m^{2}であり，欧米諸国並みの20 m^{2}の約2/5と依然と低い水準である。

都市のオープンスペースに対する魅力の一つとして，雑然とした都市の町並みの中に何もない空間が存在することが考えられる。眼前に広がるスペースや見渡せる景色が存在すると人は爽快な気分になる。つまりオープンスペースの価値のひとつには景観的な要素が存在していることが考えられる。したがって，オープンスペースの価値を測るうえでは景観的な側面からの評価が必要である。人々の景観や住環境に対する評価は，人の個性が多様であるように，多様なものである[7]。それは景観に対する評価には万人共通の評価基準と個人的な評価基準があり，景観に対する評価はこれら2つのものが組み合わさった評価であるからと考えられている。

心理学者によれば知覚は，生得的な能力と経験的な手がかりが混在して成立する。生得的な能力は視覚特性などが関係し，これらに基づく評価は万人の共通性が高くなる。一方，経験的な手がかりは育ってきた文化，育ってきた場所の原風景などが関係し，これが風景に意味を与え，評価につながる。経験的な手がかりに基づくものの中には評価が存在すると考えられている[8]。

イメージを定量化する方法は計量心理学的な手法が用いられており，評価を定量的に把握するための研究がこれまで多数されている[9]～[13]。しかし，オープンスペースと景観要素との関連性をこれまで明らかにした研究は見当たらない。

そこで，本章では都市の居住地で求められているオープンスペースに対する魅力要素を明らかにし，市民が必要としているオープンスペースの大きさや物理的な整備状況と意識の関連性を明らかにした。そして，都市のオープンスペースに対する整備の方向性を示す。

なお，本書では，オープンスペースとは建築物のない一定の地域的広がりであ

って，その非建ぺい性，植生・水面などにより，環境の質の向上を図り，あるいは市民のレクリエーション需要に応えるもの[1]であると考える。

6.1.2 オープンスペースの魅力の調査

　人のオープンスペースに対する評価は，居住環境にも依存すると考えられる。そこで本書では都市内の住宅街として居住環境の差が大きい「密集住宅地域」と「ニュータウン地域」を選定した。この両地域のオープンスペースに対する意識，利用特性などの結果を比較することによって，都市域の居住環境で必要なオープンスペースの大きさやその種類を明らかにする。

　密集住宅地域とは，住宅が密集し雑然とした家並みの地域である。周辺に公園は少なく人がのんびりできるようなオープンスペースがあまり存在していないような地域である。ニュータウン地域とは，計画的に良好な居住環境が形成された住宅街で，家並みが整然と立ち並んでいて，公園などのオープンスペースが多数存在している地域である。

　密集住宅地域として吹田市東部から摂津市西部にかけての地域，ニュータウン地域として吹田市北部を選定した。対象地域周辺を図-6.1に，その概要を表-6.1に示す。なお，公園緑地率は対象地域の中点を中心に，公園の誘致距離の徒歩圏内といわれる半径1km圏内[14]に存在する公園・緑地・街路樹の面積の割合を求めたものである。

　実施したアンケート調査の目的を整理すると次のようになる。

① 日常生活で利用するオープンスペースの場所を明らかにする。
② オープンスペースの利用理由，利用頻度を明らかにする。
③ オープンスペースに対する魅力要素を明らかにする。

表-6.1　アンケート対象地域

	密集住宅地域	ニュータウン地域
面積	101.6(ha)	117.2(ha)
世帯割合	48.3(戸/ha)	34.5(戸/ha)
人口密度	122.9(人/ha)	89.9(人/ha)
公園緑地率	1.6(%)	13.0(%)
特徴	戦前から住宅街や商店街として形成され，発展した地域	居住環境の良好な住宅地の大規模な供給を目的として開発された地域

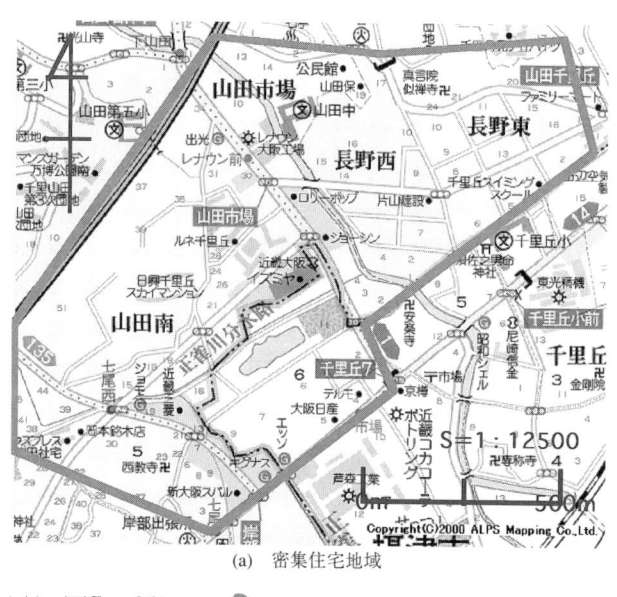

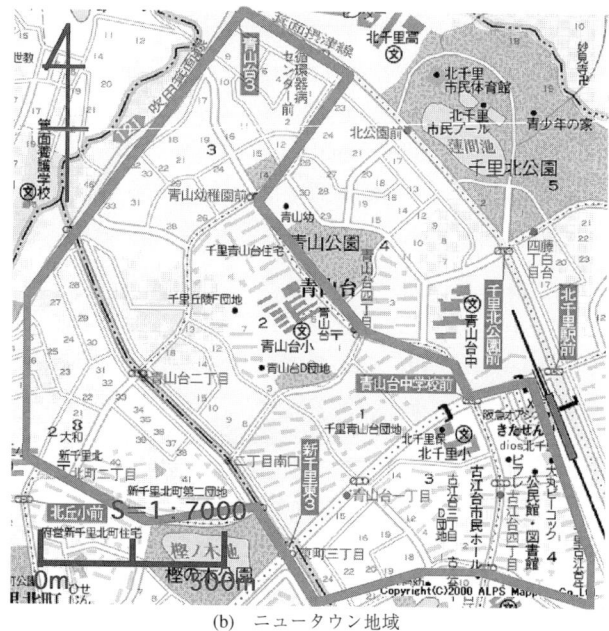

第 6 章　癒し空間としての水辺のある公園づくり

(a)　密集住宅地域

(b)　ニュータウン地域

図-6.1　アンケート対象地域

④ 密集住宅地域とニュータウン地域のオープンスペースに対する評価の違いを明らかにする。
⑤ オープンスペースの評価に影響を与える要素を明らかにする。

このため，次のような項目について質問した。

① 自宅周辺でやすらげるオープンスペースとしてどのような場所を望むのか。
② 自宅周辺でのんびりできるオープンスペースとしてよく行く場所はどこか。
③ のんびりできるオープンスペースの利用頻度。
④ 利用頻度別の利用されるオープンスペース。
⑤ 利用頻度別のオープンスペースの利用理由。
⑥ 現在の住居環境について。
⑦ 現在の周辺の居住環境について。

密集住宅地域，ニュータウン地域ごとに利用されているオープンスペースの場所を図-6.2に示す。密集住宅地では市場池公園と万博記念公園に集中しており，他の場所の利用は少ないのに対して，ニュータウン地域では千里中央公園，万博記念公園，千里北公園など様々な場所が利用されている。

居住環境，居住地域周辺の環境に対する市民の意識をSD法（Semantic Differential）を用いて評価した。SD法とはすべてのものの印象やイメージを評価することのできる手法であり，ある対象物に対して，人はどのような印象を受けるのか，その受けた印象の要素を抽出することができる。

住居環境に対する市民の意識を図-6.3に示す。ニュータウン地域は居住環境に対する評価が比較的高いのに対して，密集住宅地域の評価はニュータウン地域と比較すると相対的に評価は低い。また，グラフの形態が両地域で似通っていることが特徴としてあげられる。

次に周辺環境に対する意識を図-6.4に示す。居住環境に対する評価と同様，密集住宅地域はニュータウン地域に比べると相対的に低い評価となっている。特に町並みに対する評価に大きな差が発生しており，町並みの整然さと雑然さという点で両地域の市民の意識は大きく違っている。

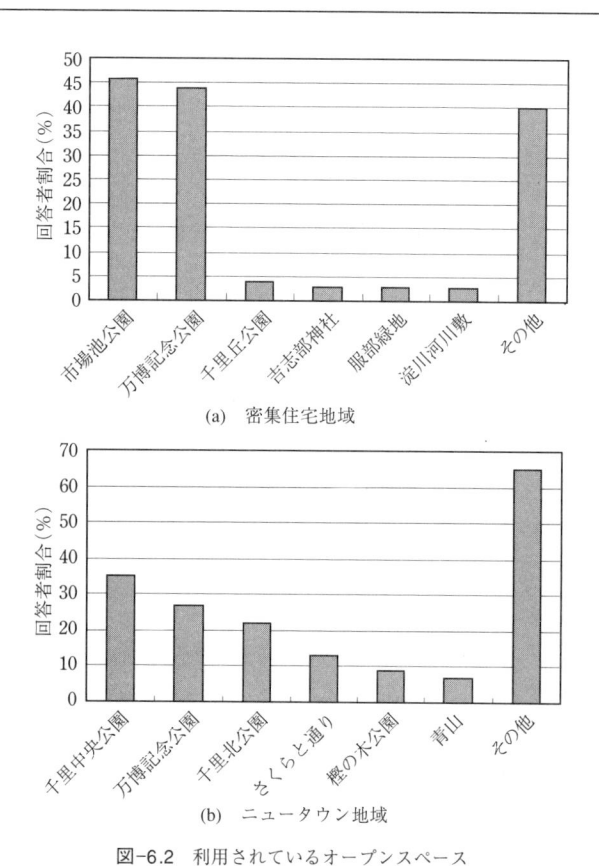

第 6 章　癒し空間としての水辺のある公園づくり

(a)　密集住宅地域

(b)　ニュータウン地域

図-6.2　利用されているオープンスペース

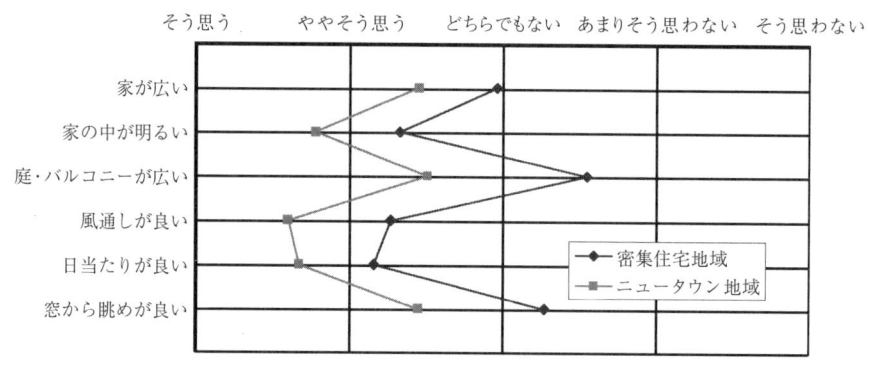

図-6.3　アンケート対象地域の居住環境の比較

6.1 密集市街地でのオープンスペースの魅力とは

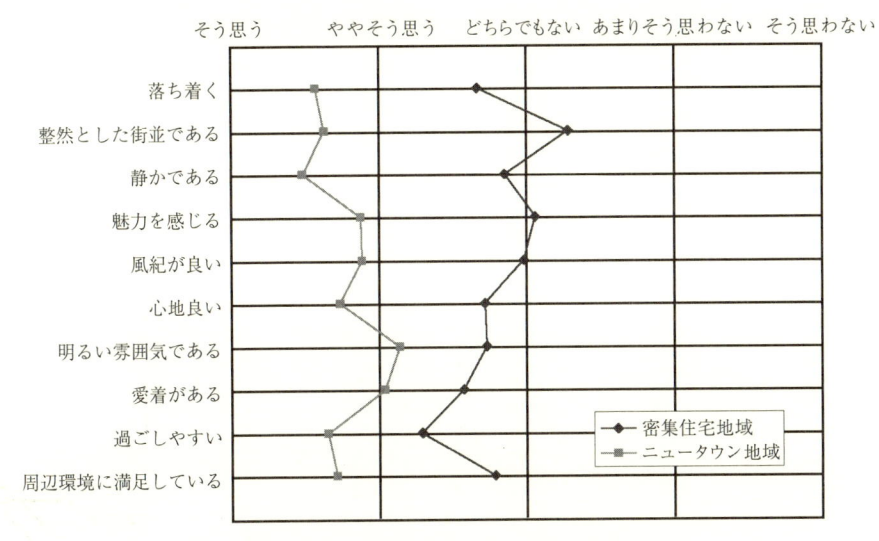

図-6.4 アンケート回答者の自宅の周辺環境の比較

6.1.3 オープンスペースの魅力要素

アンケート調査を行った両地域において，現状のオープンスペースの利用理由を調べ，利用される魅力要素を因子分析により明らかにする。因子の抽出法には主因子法，因子軸の回転にはバリマックス回転法を用いた。因子数の設定はスクリー図でグラフが緩やかになる点，累積寄与率などから決定した[16]。

分析に用いた項目は分析の際に整理統合したものを使った。

(1) オープンスペースの利用理由

オープンスペースの利用理由を利用頻度別(よく行く，たまに行く)に図-6.5に示す。頻度別で比較すると「木や花といった植物が多い」という理由は利用頻度によって変わらず，自然物とのふれあいが最も大きな理由であることわかる。

"よく行く場所"が「家(職場)から近いから」，「子供を遊ばせることができるから」，「広い場所があるから」という具体的な整備内容に関する項目の回答数が多いのに対して，"たまに行く"では「のんびりできる」，「心地よいから」，「景色の良い場所がある」という感覚的な項目の回答数が多い。また，"よく行く場所"では地域別(密集地域，ニュータウン地域)で各項目の回答数にばらつきがあるのに

117

第6章 癒し空間としての水辺のある公園づくり

図中項目(上から):
- 木や花といった植物が多いから
- 家(職場)から近いから
- 子供を遊ばせることができるから
- 広い場所(広場)があるから
- 水辺が多いから
- 買い物や通勤の通り道だから
- のんびりできるから
- 心地よいから
- 景色の良い場所があるから
- 運動や遊ぶことができるから
- 静かな場所だから
- 鳥や昆虫などの生物がいるから
- ベンチ(休憩所)があるから
- 休息を取ることができるから
- 趣味をすることができるから
- 交通の便が良いから
- 柵や手すりなどがあり安全だから
- ロープや点字ブロックといった設備があるから
- その他

凡例: ■密集住宅地域　□ニュータウン地域

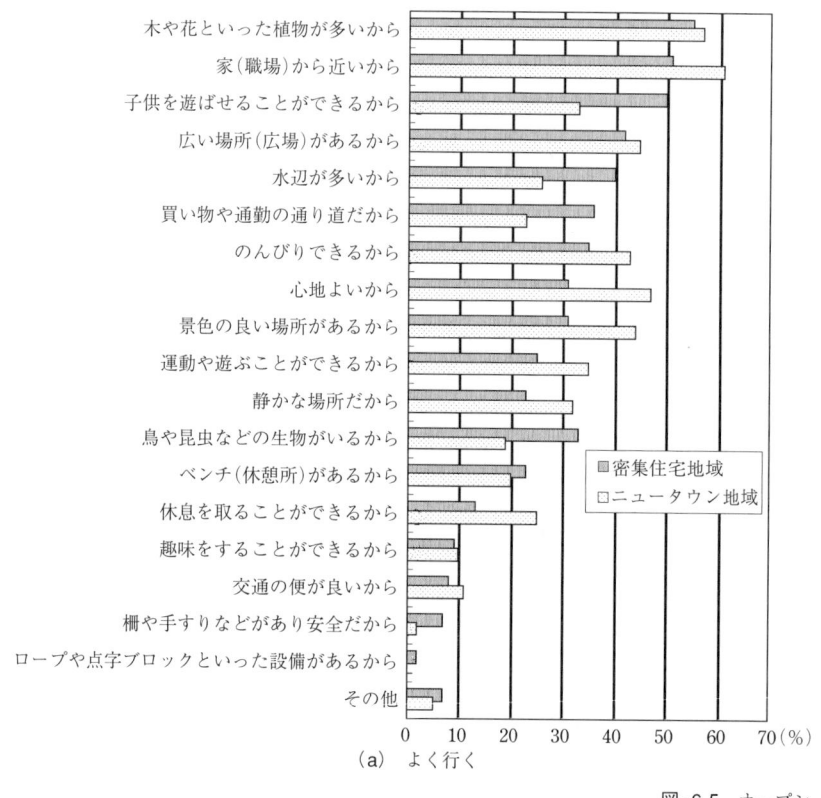

(a) よく行く

図-6.5 オープン

対して,「たまに行く」では地域別で差が見られない。

(2) オープンスペースに対する魅力要素

オープンスペースに対する利用理由に対して,因子分析を用いて潜在的な因子を探ることによって居住地域ごとにオープンスペースに対する魅力要素を明らかにした。

a. 密集住宅地域

因子分析結果を表-6.2に示す。

寄与率は第1因子が19%,第2因子が11%,第3因子が9%となっており,第1因子は「植物の多さ」,「景色の良さ」,「心地良い」,「のんびりできる」から,

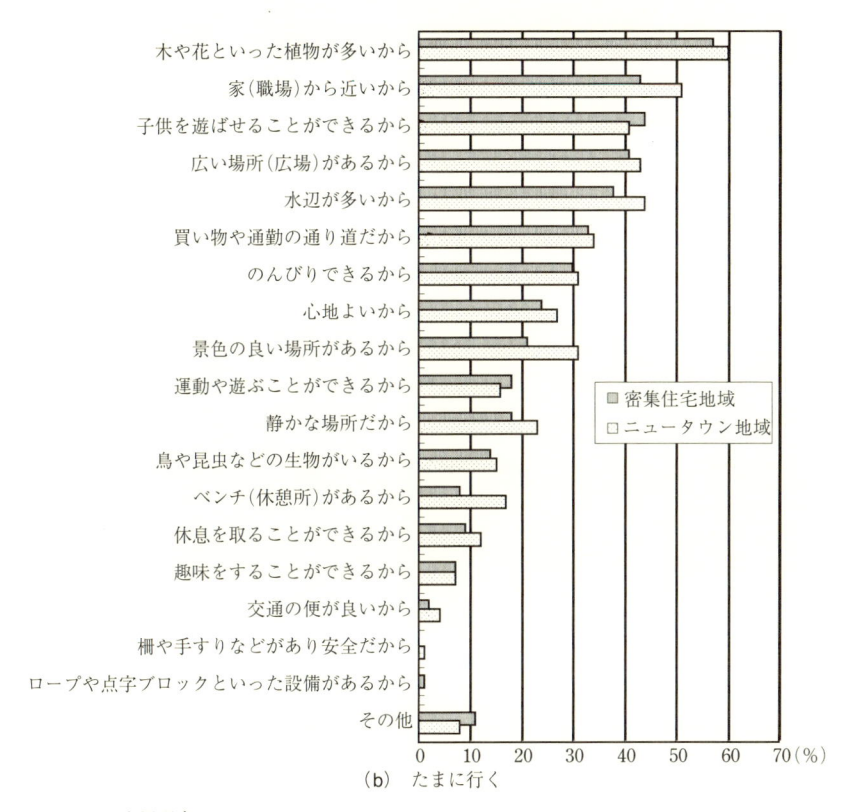

6.1 密集市街地でのオープンスペースの魅力とは

(b) たまに行く

スペースの利用理由

利用者は植物の存在や景色の良さという，視覚的要素から心地よさを感じていると考え『景観因子』と解釈した。第2因子は「休息をとれる」，「休憩所の存在」，「交通の便が良いから」，「柵や手すりがあるから」から，利用者は施設の整備状況に対する評価と考え『整備因子』と解釈した。第3因子は「広場の存在」，「子供を遊ばせる」から，利用者は広場を子供の遊び場と認識していると考え『遊び因子』と解釈した。以上のことから密集市街地では市民がオープンスペースに対しては，『景観因子』，『整備因子』，『遊び因子』の3つの潜在的な魅力因子のあることがわかった。

　利用頻度別(よく行く，たまに行く)に第1因子，第2因子の因子得点の分布を図-6.6に示す。

第6章 癒し空間としての水辺のある公園づくり

表-6.2 密集住宅地域のオープンスペース利用理由の因子分析結果

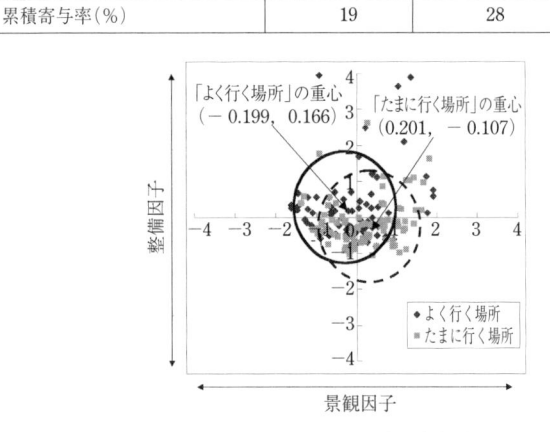

理由項目	第1因子 (景観因子)	第2因子 (整備因子)	第3因子 (遊び因子)
植物の多さ	0.315	0.141	0.020
水辺の存在	0.268	−0.036	0.108
生物の存在	0.342	−0.063	0.169
景色の良さ	0.525	−0.045	−0.128
広場の存在	0.315	0.075	0.506
子供を遊ばせる	−0.078	−0.124	0.698
遊びや運動をできる	0.299	−0.040	0.482
趣味をできる	0.285	−0.060	−0.110
心地良さ	0.532	0.035	0.033
のんびりできる	0.585	−0.122	0.188
休息をとれる	0.583	0.122	0.141
静けさ	0.484	0.080	0.128
休憩所の存在	0.378	0.215	0.216
家からの近さ	0.189	0.049	0.192
通り道	0.075	−0.086	−0.188
交通の便の良さ	0.458	−0.060	0.015
柵や手すりの存在	−0.043	0.753	0.012
スロープや点字ブロックの存在	0.030	0.751	0.027
固有値	3.427	1.759	1.610
寄与率(％)	19	10	9
累積寄与率(％)	19	28	37

図-6.6 利用頻度別の因子得点分布(密集住宅地域)

なお，因子得点は各回答者のその因子に対する意識の強弱を表したもので，因子得点の重心とは回答者の因子に対する意識の強弱の平均値である。「よく行く場所」と，「たまに行く場所」では重心の位置が異なることがわかる。「よく行く場所」では景観因子では正の評価であるのに対して，「整備因子」では負の評価である。一方，「たまに行く場所」では「よく行く場所」の評価とは逆に「整備因子」で正の評価が，「景観因子」で負の評価がされる結果になった。これは「よく行く場所」には公園全体の面的な評価がされているのに対して，「たまに行く場所」には具体的な整備内容が評価されているためと考えられる。

b.ニュータウン地域

因子分析の結果を表-6.3に示す。

寄与率は第1因子が19％，第2因子が10％，第3因子が9％となっており，第1因子は「景色の良さ」，「心地良さ」，「のんびりできる」，「休息できる」から利用者は景観の良さから心地よさや，のんびりできる気持ちになると考え『景観因子』と解釈した。第2因子は「柵や手すりの存在」，「スロープや点字ブロックの存在」施設の設備に対する安全性と考え『安全性因子』と解釈した。第3因子は「広場の存在」，「子供を遊ばせることができる」から広場で子供を遊ばせると要素と考え『遊び因子』と解釈した。

利用頻度別(よく行く，たまに行く)に第1因子，第2因子の因子得点の分布を図-6.7に示す。

「よく行く場所」の重心の位置は，第1因子，第2因子で正の評価で，「たまに行く場所」の重心の位置は，第1因子，第2因子で負の評価であった。しかし，利用頻度ごとの重心の値を有意水準5％で検定したところ，有意差は見られなかった。したがって，「よく行く場所」と「たまに行く場所」では魅力要素の評価に違いがあるとはいえなかった。

6.2 密集住宅地域に位置する公園施設における利用者意識

6.2.1 調査概要

密集市街地域，ニュータウン地域においてそれぞれオープンスペースに対する

第 6 章 癒し空間としての水辺のある公園づくり

表-6.3 ニュータウン地域のオープンスペース利用理由の因子分析結果

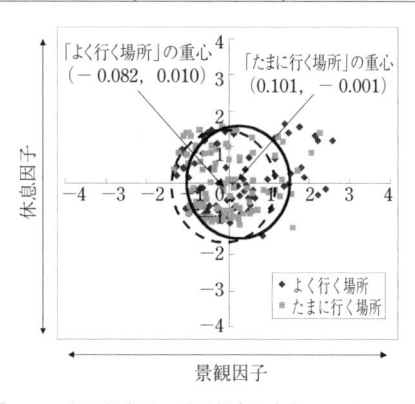

	第1因子 (景観因子)	第2因子 (安全性因子)	第3因子 (遊び因子)
植物の多さ	0.502	-0.011	0.201
水辺の存在	0.123	0.179	0.294
生物の存在	0.011	0.225	0.357
景色の良さ	0.505	0.103	0.145
広場の存在	0.240	− 0.085	0.550
子供を遊ばせる	− 0.198	− 0.100	0.515
遊びや運動をできる	0.187	0.014	0.438
趣味をできる	0.214	0.253	0.267
心地良さ	0.501	0.318	− 0.042
のんびりできる	0.592	0.151	0.005
休息をとれる	0.285	0.553	− 0.022
静けさ	0.359	0.224	0.049
休憩所の存在	0.251	0.488	0.034
家からの近さ	− 0.144	0.209	0.340
通り道	− 0.321	0.448	0.120
交通の便の良さ	0.204	0.497	0.065
柵や手すりの存在	0.077	0.480	0.305
スロープや点字ブロックの存在	0.189	0.161	0.280
固有値	3.441	1.890	1.627
寄与率(%)	19	11	9
累積寄与率(%)	19	30	39

図-6.7 利用頻度別の因子得点分布(ニュータウン地域)

6.2 密集住宅地域に位置する公園施設における利用者意識

魅力要素が明らかになった。両地域に共通する魅力要素として『景観因子』が存在していた。つまり，市民は居住環境に関わらずオープンスペースに対して景観的に魅力を感じていることがわかる。そこで，ある密集市街地に位置する公園を対象として景観的な要素と景観の物理的な状況の関連性を明らかにする。

対象としたのは大阪府摂津市に位置する市場池公園である。市場池公園は1993年に再整備され，利用者の多い公園である。公園には，ため池や水鳥への給餌場，遊歩道，遊具や広場があり，周辺地域における貴重なオープンスペースとなっており，周辺市民のオアシス的存在になっている[17]。

調査地点は公園利用者が特に滞留する場所である4箇所を選定した(図-6.8，写真-6.1)。

以下に4箇所の特徴を示す。

地点①：わんぱく広場からじゃぶじゃぶ池方面を望む地点である。
地点②：じゃぶじゃぶ池方面からわんぱく広場を望む地点である。
地点③：池の北側の岸から給餌場を望む地点である。
地点④：給餌場から池の対岸のスーパーイズミヤを望む地点である。

調査は4地点においてそれぞれ，公園来園者に対して直接面談する形式で実施した。

アンケートでは池の対岸方向の景色に対する感じ方をSD法により評価した。SD法で用いている形容詞対は自由回答形式のプレテストの結果を整理統合して，選択した。

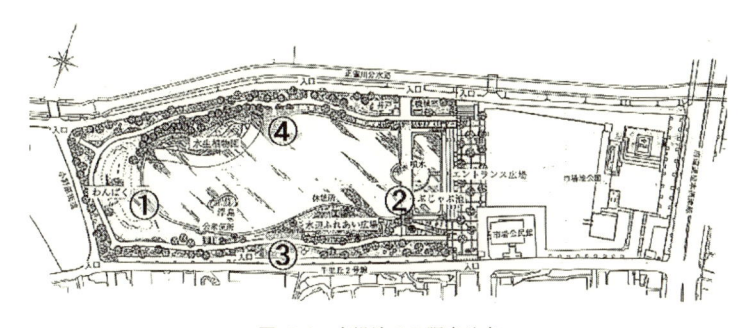

図-6.8　市場池での調査地点

第 6 章 癒し空間としての水辺のある公園づくり

(a) 地点①

(b) 地点②

(c) 地点③

(d) 地点④

写真-6.1 調査地点

6.2.2 景観評価の結果

対象4地点のうち，地点①，②は奥行きが長く見通せる地点であり，地点③，④は奥行きが短く正面に建物がある。そこで地点①，②，地点③，④をそれぞれ同一グループとして景観評価のグループ内比較，グループ間比較を行った。

(1) グループ内の比較

地点①，②のSD法による結果の比較を図-6.9に，地点③，④比較を図-6.10に示す。地点①，②の比較では「奥行き感」に差が見られた。アイストップまでの距離を調べると地点①は160 m，地点②は184 mであった。視距離には大きな差がないと判断した。統一感や開放感の評価にやや違いのあることから，奥行き評価の差の要因はこれらにあることが考えられる。

地点③，④を比較すると「緑量」，「親しみやすい」，「統一感がある」という項目に差が見られた。「緑量」に関して地点③，④の樹木の数を比較するとあまり差はないが，地点③には池の際に植物の群生が見られ，それが緑量の評価を高めたも

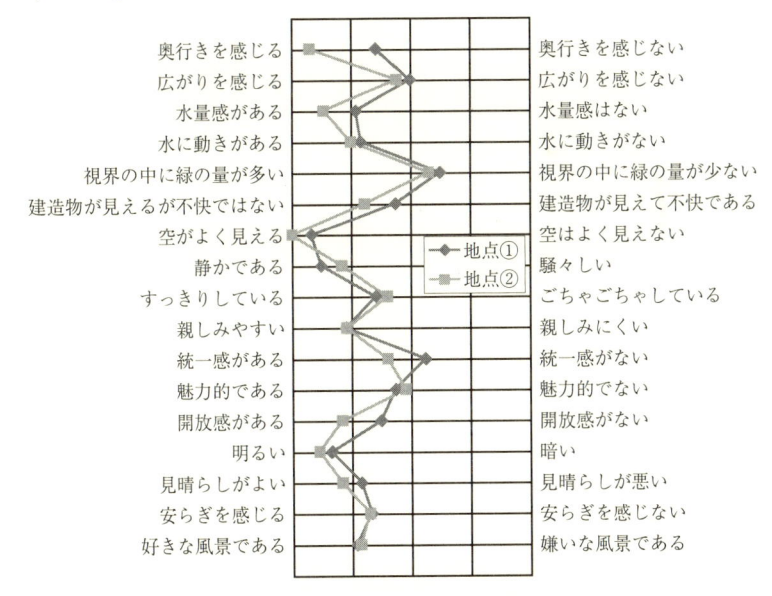

図-6.9 SD法を用いた景観分析結果（地点①，地点②）

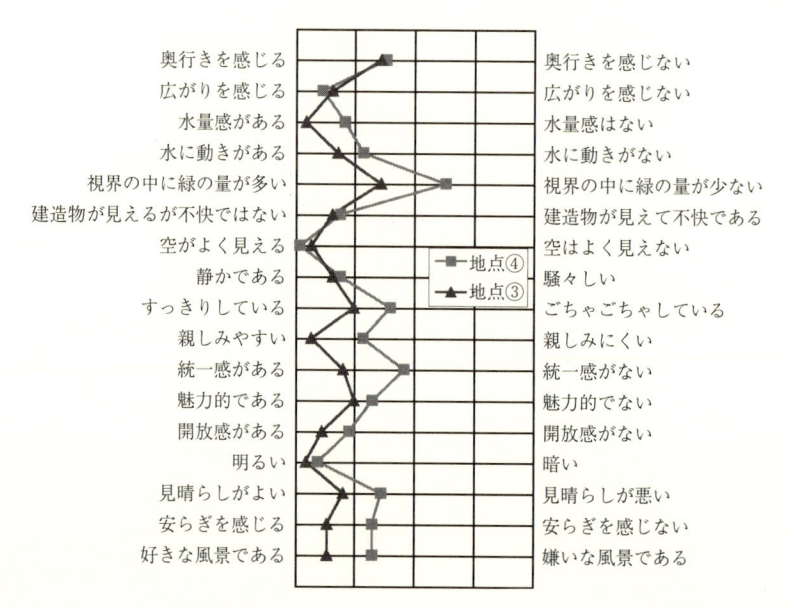

第 6 章　癒し空間としての水辺のある公園づくり

図-6.10　SD法を用いた景観分析結果（地点③，地点④）

のと考えられる。「親しみ」に関して地点③からは正面に東屋が見えることが影響していると考えられる。「統一感」では地点③に比べると地点④は建物数が多い。そのことが統一性を失わせていることが考えられる。

(2) グループ間の比較

　地点①，③のSD法による結果の比較を図-6.11に，地点②，④の比較を図-6.12に示す。

　地点①，③比較すると「広がり」，「緑量」，「統一感」に差が見られた。「広がり」の差は大きい。これは地点③では左右の広がり角度が大きいためと考えられる。「緑量」では地点①は地点③に比べると実際の緑量は地点①の方が多い。地点③の方が緑量の評価が高いのは、距離感が影響していると考えられる。遠くにある樹木などよりも近くにある樹木などの方に存在感があり，評価を高めていると考えられる。「統一感」では，地点③の評価が高い。これは地点①の景観が複数の対象物で構成されているのに対して，地点③は地点①と比べると構成要素の数は少ない。対象物の多寡で景色の統一感に差が出ると考えられる。地点①と地点③では

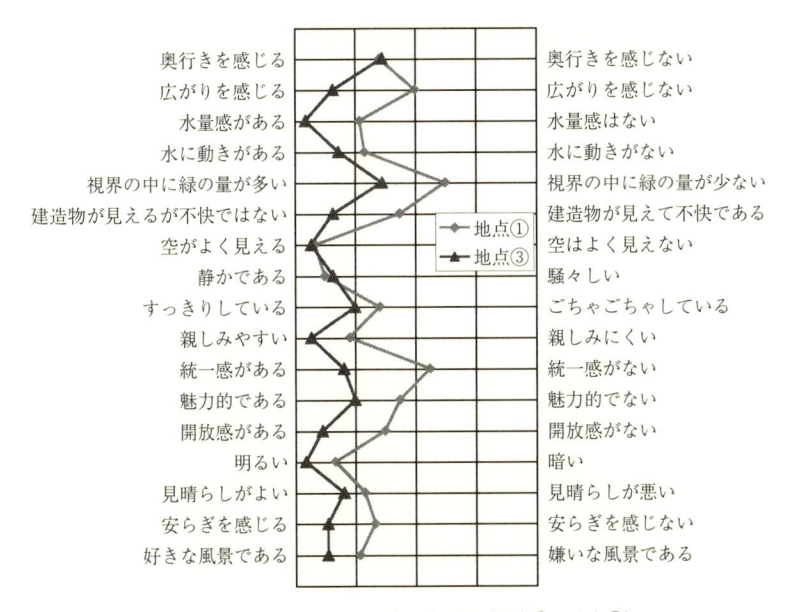

6.2 密集住宅地域に位置する公園施設における利用者意識

図-6.11 SD法を用いた景観分析結果（地点①，地点③）

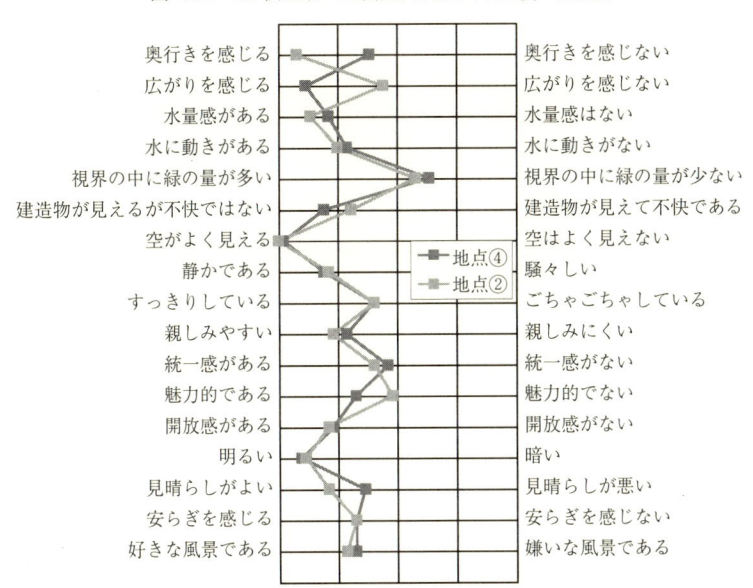

図-6.12 SD法を用いた景観分析結果（地点②，地点④）

アイストップまでの距離はそれぞれ 160 m, 80 m と大きな差がある。しかし両地点の「奥行き」の評価は変わらない。奥行き感を決めるのは奥行きの距離以外の要因が影響していると考えられる。

地点②, ④の比較では,「奥行き」,「広がり」に差が見られた。この両地点の評価の差は実際の物理的な距離や広がり角度と一致していた。

6.2.3 景観評価に影響を与える要因

これまで述べてきたように,調査地点の違いによって景観の評価が異なることが明らかになった。そこで,人が景色を良いと感じるためにはどのような要素が強く影響しているのか, SD 法の結果をもとに重回帰分析を用いて明らかにする。

(1) 分析手法

まず,回帰分析とはある 1 つの変数と別の変数との関係式を利用して,予測と要因解析(興味ある結果の原因を探索し,結果と原因の関係を特定する)という 2 つの場面で利用されることが多い手法である。

予測したい変数を目的変数と呼び,予測に使う変数を説明変数と呼ぶ。要因解析に適用する場合には,目的変数が結果を表す変数で,説明変数が原因を表す変数である。重回帰分析とは説明変数が 2 つ以上の回帰分析である。重回帰分析の目的関数を y とおくと, y を p 個の説明変数 $x_1, x_2, x_3, \cdots\cdots, x_p$ の 1 次式で表す。目的関数と説明変数の関係は以下の式のようになっている。

$$y = b_0 + b_1 x_1 + b_2 x_2 + b_3 x_3 + \cdots\cdots + b_p x_p$$

ここで, b_0:切片(定数項), $b_1, b_2, b_3, \cdots, b_p$:(偏)回帰係数。

重回帰分析ではこの定数項と(偏)回帰係数を求めることになる。

(2) 分析結果

重回帰分析を行うにあたり,分析者本人が目的変数(景観評価)に対する関係の強弱により関係式に用いる説明変数(評価項目)を増減させる「変数増減法」を用いた。また,「安らぎ」と「魅力的」の 2 項目は項目間の相関が強かったため分析対

6.2 密集住宅地域に位置する公園施設における利用者意識

象から除外した。

重回帰分析を行った結果，池の対岸方向の景観評価に影響の大きい項目は「親しみ」，「水の動き」，「開放感」，「統一感」の4項目であった。分析結果のモデル集計，分散分析，係数を表-6.4〜6.6に示す。

得られた回帰式は次のものであった。

表-6.4 重回帰分析のモデル集計

R	R2	調整済み R2	推定値の確率誤差
0.627	0.393	0.367	0.80819

表-6.5 重回帰分析の分散分析

	平方和	自由度	平均平方	F 値	有意確率
回帰	40.139	4	10.035	15.363	0.000
残差	62.051	95	0.653		
全体	102.190	99			

表-6.6 重回帰分析により求まった係数

	非標準化係数		標準化係数	t	有意確率
	B	標準誤差	β		
(定数)	0.624	0.448		1.392	0.167
水の動き	0.176	0.064	0.225	2.767	0.007
親しみ	0.314	0.083	0.347	3.808	0.000
統一感	0.137	0.072	0.164	1.890	0.062
開放感	0.210	0.103	0.192	2.049	0.043

$$y = 0.624 + 0.176\,x_1 + 0.314\,x_2 + 0.137\,x_3 + 0.210\,x_4$$

ここで，y：景観の全体評価，x_1：「水の動き」に対する評価値，x_2：「親しみ」に対する評価値，x_3：「統一感」に対する評価値，x_4：「開放感」に対する評価値。

重回帰分析において，「水の動き」，「親しみ」，「統一感」，「開放感」が景観評価に影響をすることが明らかになった。そこで，実際の整備状況とこれらの項目との関連性を調べた。なお「水の動き」，「親しみ」に関しては実際の整備状況との関連性を見出すことができなかったため，本書では「統一感」，「開放感」のみを検討の対象とした。

(3) 開放感に関する評価

　開放感は目で見渡すことのできる「可視面積」に影響すると考えた。そこで，対岸の奥まで見通せる距離と，見渡せる範囲(角度)でつくられる面積を「可視面積」と定義した。なお，本来，可視面積を測るためには，視線の上下方向で見える範囲も考慮する必要があるが，景観の評価を行った全地点において上下方向に見える範囲には大きな差は生じていないと判断し，今回は上下方向に見える範囲は考慮しなかった。

　各地点での，対岸に存在する物までの距離と，対岸まで遮る物が存在しない範囲の角度(視野角)を写真-6.2に示す。分析にはこれらを用いた。

　各地点での対岸対象物までの視距離，角度および可視面積と「開放感」の評価値を表-6.7に示し，可視面積と開放感の評価値の相関図を図-6.13に示す。可視面積と評価値に若干であるが相関性が見られる。

表-6.7　対岸対象物までの視距離，角度，可視面積と開放感の評価値の関係

	距離(m)	角度(度)	面積(m^2)	開放感の評価値
対象地点①	162	15	4 414	3.9
	120	13		
対象地点②	184	10	8 186	4.4
	174	10		
	65	25		
	51	23		
対象地点③	90	120	8 100	4.5
対象地点④	89	120	7 921	4.2

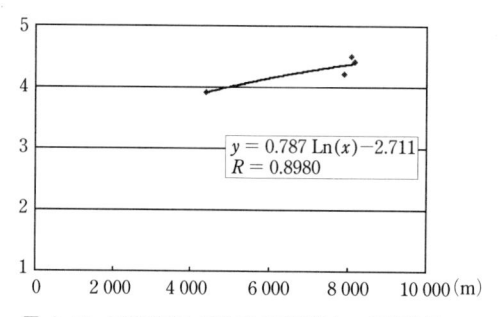

$$y = 0.787 \ln(x) - 2.711$$
$$R = 0.8980$$

図-6.13　可視面積と開放感の評価値との相関関係

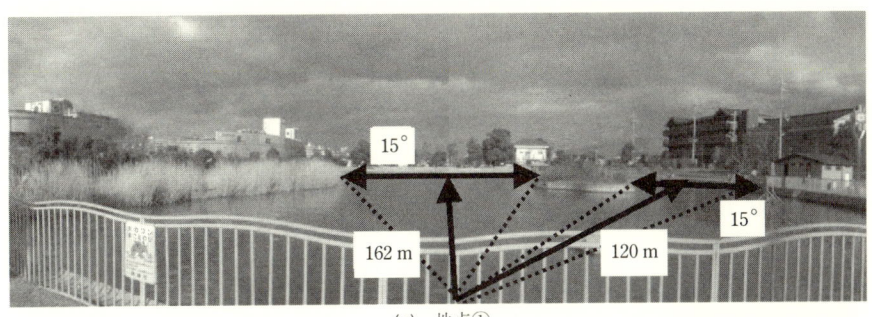

6.2 密集住宅地域に位置する公園施設における利用者意識

(a) 地点①

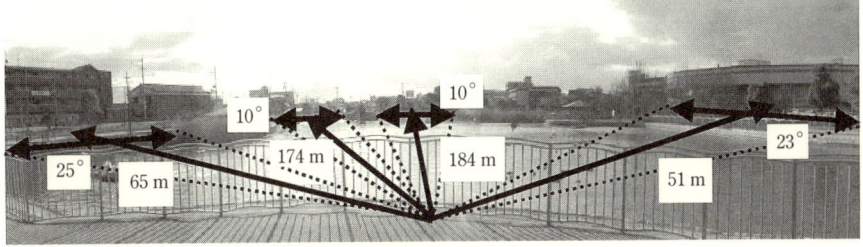

(b) 地点②

(c) 地点③

(d) 地点④

写真-6.2 対岸までの視距離と視野角

（4）統一感に関する評価

統一感の評価には，「対岸方向の視野の中に見える物の数」と「地上に存在する物と空との境界線（スカイライン）の形状」によって判断されると考えた。

「視野の中に見える物の数」はゲシュタルト心理学における対象と相互の関係[1]を用いた。対象と相互の関係とは，人がものを知覚するときにはなるべく簡潔な形態として理解しようとするという考えのことである。ゲシュタルト心理学では群化の6つの要因を挙げている[8,19]。ゲシュタルト心理学に基づき，各調査地点において対象物の数をカウントした。その数と統一感の評価値との関連性を調べた。

スカイラインは各調査地点の写真で，空と地上物の境界線をなぞり4地点のラインの形状を比較することによって統一性への影響を考察した。

用いた写真を写真-6.3に示す。

対象物のカウント数と統一性の評価値との関連性を表-6.8にまとめ，カウント数と統一性の評価値の相関関係を図-6.14に示す。カウント数が増えるに従って評価値が下がっていることがわかる。対象物の多さは景色の統一性を失わせるといえる。

表-6.8 視野の中に見える物の数と「統一感」の評価値

	見える物の数	統一感の評価値
対象地点①	11	3.2
対象地点②	10	3.5
対象地点③	8	3.8
対象地点④	11	3.1

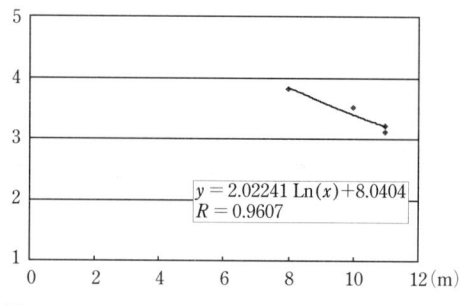

$y = 2.02241 \ln(x) + 8.0404$
$R = 0.9607$

図 6.14 カウント数と統一性の評価値と相関関係

6.2 密集住宅地域に位置する公園施設における利用者意識

(a) 地点①

(b) 地点②

(c) 地点③

(d) 地点④

写真-6.3 対象物

各調査地点におけるスカイラインの形状を図-6.15 に示す。縦の矢印は各地点における最大の高低差を表している。最も統一性の評価の高い地点③はスカイラインの直線の形状が長いことがわかる。他の地点はスカイラインに上下のばらつきが大きい。最も統一性の評価の低い地点①は，スカイラインの形状の最も上下のばらつきがあり，また高低差も大きい。

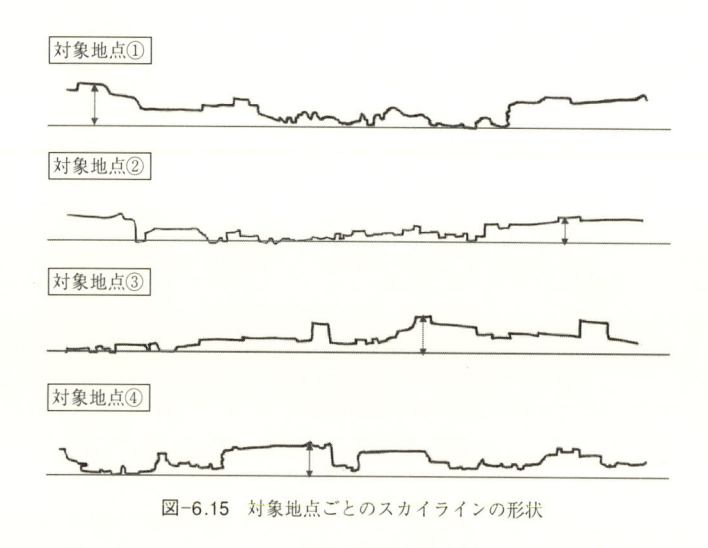

図-6.15　対象地点ごとのスカイラインの形状

6.3　癒し空間としてのため池公園の魅力

ここでは，密集市街地の住民から求めているオープンスペースとその魅力要素について考えてみた。

密集市街地域，ニュータウン地域においてオープンスペースに対する魅力要素として，市民が最も強く感じているのは「景観の良さ」であった。

また，よく行くオープンスペースには，利用する目的と整備内容が一致するという理由で訪問しているのに対して，たまに行くオープンスペースには精神的な安らぎ感を求めて利用していた。

これらより，密集市街地域居住者はニュータウン地域居住者に比べると，オープンスペースに対して景観的な魅力を求める欲求は大きいといえる。居住環境の

違いによって景観的魅力に対する欲求度にも差の生じるのである。

市場池公園では,「水の動き」,「親しみ」,「統一感」,「開放感」が利用者の景観評価に影響していた。統一感は対象物の数とスカイラインに,開放感は可視面積が評価値と大きく関連していた。

都市内居住地域の居住者はオープンスペースに景観的な価値を感じていた。現在の都市は多くの建物が乱雑かつ密集して立ち並んでいるため,視界の広さを確保できる場所は少ない。そのような都市の形態によって市民の景観に対する欲求が高まったと考えることができる。

住民はオープンスペースに対して,「景観が良さという魅力」,「遊べる場としての魅力」,「休息の場としての魅力」を感じている。その中で,最も強く感じられている魅力は「景観の良さ」に対する魅力である。

人口密度が高く狭い地域に多くの居住者のある都市では,日常生活で景色の良い眺めを見る機会が少ない。オープンスペースに対して,住民が景観の良さに対して魅力を感じているのは,住民が現在の都市居住地域に狭く窮屈な感覚を持っていることを示している。そのような都市居住地域においては,景色に「開放性」,「統一性」,「親しみ」,「動きのある水面」をつくり出すことが,景観の評価を高めることになる。

さらに「景色の統一性」に関しては,景観の中に存在する対象物をできるだけ減らすことおよびスカイラインの凹凸を減らし,直線にすることが景観の良さをつくり出していくのである。

参考文献

1) 畔柳昭雄,渡邉秀俊,:都市の水辺と人間行動,pp.30-31,2000.
2) 桟敷美帆,山川仁,高見淳史:居住環境の変化とオープンスペースの利用行動に関する研究,土木学会第57年次学術講演会講演概要集,pp.125-126,2002.
3) 白幡洋三郎:「お上がつくる公園の時代は終わった」,中央公論,中央公論新社,pp.204-217,1992.
4) 無漏田芳信,山田聡志,工藤亮:公園利用特性から見た密集市街地における街区公園整備に関する研究,福山大学工学部紀要第23巻,pp.45-56,1999.10.
5) 都市計画中央審議会答申「今後の都市公園などの整備と管理はいかにあるべきか」について,ランドスケープ研究59(2),pp.135-137,1995.

6) 平成 14 年度版環境白書： http://www.env.go.jp.
7) 鳴海邦碩，田端修，榊原和彦：都市デザインの手法　魅力あるまちづくりへの展開/改訂版，pp.38-40，学芸出版社，1998.
8) 島谷幸宏：河川風景デザイン，pp.4-6，1994. pp.56-57，彰国社，2002.
9) 篠原修，屋代雅充：街路景観のまとまりに及ぼす沿道建物の効果に関する計量心理学的研究，土木学会論文集，pp.131-138，1985.
10) 田野倉直子，横張真，山本勝利，加藤好武：地元住民による水田景観の認知構造，ランドスケープ研究，pp.727-732，1999.
11) 藤居良夫，酒井裕一：街路景観評価に対する因果関係の分析，日本都市計画学会学術研究論文集，pp.1045-1050，2002.
12) 嶋田喜昭，星野貴之，舟渡悦夫：コンジョイント分析を用いた街路景観評価，土木学会第56年次学術講演会講演概要集，2001.
13) Kevin Lynch, "The IMAGE OF THE CITY", Harvard University Press and The Mit press,1960.
14) 国土交通省都市公園の整備状況： http://www.milt.go.jp/crd/city/park/pa01111.html
15) 環境評価情報資源ネットワーク： http://assess.eic.or.jp/
16) 木下栄蔵：社会現象の統計分析　手法と実例： pp.132-139，ぎょうせい，1998.
17) 摂津市建設部道路公園管理課・積水コンサルティング株式会社：平成 5 年度市場池オアシス実施設計委託報告書，1994.
18) 島谷幸宏：河川風景デザイン，pp.48-50，1994.
19) 篠原修：景観用語辞典，pp.56-57，彰国社，2002.

おわりに

　本書は魅力ある地域づくりに向けた都市の再生のひとつとして，ため池を活用し，従来の都市の環境を変えることができないか，そもそもため池という水面を持つ空間が密集した住宅地の中にあることが，人々にどのようなことをもたらしているかについて，5つのため池公園に頻繁に足を運び，そのため池と周囲の公園を空間を何度も繰り返し評価し，新しい発見をしながら，訪れている人々，公園周辺に住む人々の意見を丹念に聞き出し，いくつかの考えをまとめていったものである。

　ため池公園は，ため池を中心に公園を整備していることから，遮るものがなく見通すことができる空間を持つという特徴を持っている。このことがため池公園を訪れる人々にとって"景観が良く，明るい雰囲気のある公園"とイメージされ，さらに水面があることで"涼しげで潤いを感じる公園"と感じられている。そのため，訪れた人々にとって，ため池公園は"休息しやすく，また利用したくなる公園"というイメージを持たれていた。さらに，渡り鳥のため池への飛来や旅立ちによって，人々は都市の中では希薄になっている『季節の移ろい』を感じとっている。

　人々は，公園に対して，緑溢れる広い空間をもたらし，子供たちから大人，お年寄りまで，様々な世代が集え，楽しめる場となることを望んでいる。ため池公園はこのような公園に対する要望を満たしてくれる要素に溢れている。特にお年寄りが何もせず佇んでいても，風の吹き方や空の色によって次々にその表情を変える水面や，そこで安心して生きている水鳥たちを眺めるという楽しみをもたらしてくれる。このように様々な環境資源に溢れているのがため池公園である。

　このようなため池は，まだ，市街地に多数残されているが，市街地開発に伴う農地減少によってかんがい用水を供給する水源としての役割は小さくなってお

おわりに

り，十分に管理されなくなったため池も見られる。このようなため池の環境資源価値を活用することは，その地域や都市の魅力を向上させ，地域に住む人々に池を中心とする連帯感をもたらせるものである。加えて，そこに住む人々がため池に関心を寄せていけば，地域の環境とその抱える問題，さらには国，地球規模の環境問題に関心を持つ発端となることが期待できる。

　ため池公園の魅力の大きな要素である"水鳥とのふれあい"は，特に就学前から小学校低学年までの子供たちに，自然の中で生きている動物たちに対する慈しみの心を育むという視点から望ましいことではあるが，一方で，ふれあいを求めるあまり，過剰な餌やりを引き起こし，その結果，水鳥の生息の場であるため池の水質を悪化させていることがある。人々が環境に配慮した行動をとるためには「問題の悪化を認識していること」，「対処行動の有効性を認識していること」，「自分以外が環境に配慮した行動をとっているという認識があること」の3つの認識が必要とされている。この観点から，人々の行動を分析した結果，人々が餌やり行動を続けてしまうのは，餌やりを控えることが水質保全につながると感じていないこと，および，自分たち以外のため池公園利用者も餌やりを行っていると認識していることであった。人々がため池の水質のことを考えて，餌やりを控えるようになるためには，餌やりを控えることが水質を保全することであることを人々に意識させることと，すなわち自らの行動と環境との関わりをしっかりと捉えていくことが大切である。

　都市に住む人々は，日頃，その環境の悪化状況から相当のストレスを感じている。このため，人々はオープンスペースに対して，「景観の良さという魅力」，「遊べる場としての魅力」，「休息の場としての魅力」を感じている。人口密度が高く狭い地域に多くの住居のある密集市街地では，日常生活で景色の良い眺めを見る機会が少ない。このため，眺望のきくオープンスペースを提供できるため池公園は，人々に"やすらぎ"，"癒し"を与えてくれるものとなっている。まさしく，ため池公園は都市の中の《オアシス》となっているのである。

　筆者らの7年間にわたる詳細な調査とそれによる解析や考察が，公園を管理する立場にある自治体関係者の方々，公園設計に関わっているコンサルタントの方々，公園を利用しこれから都市計画を学ぼうとする学生や広くは市民のみなさんに役立つことを願うものである。

索　引

【あ】

アイストップ 125
アオコ 55, 60, 92
"遊び"の場 33

【い】

伊賀今池 27, 80
伊豆沼 65, 68, 70
市場池 17
市場池公園 115, 123
井戸水 55
移流拡散解析シミュレーション 71
移流拡散モデル 71
因子得点 119 121
因子負荷量 83
因子分析 82, 117, 118, 121

【う】

運動公園 4

【え】

栄養塩類 23
エコロジー 45
SD法 46, 115, 123
江戸名所図絵 2

【お】

オアシス構想整備事業 15
オープンスペース 84, 111, 134

【か】

街区公園 4
可視面積 130
カテゴリスコア 90
かんがい機能 14
環境学習 87
環境基準値 62, 76
環境教育 79, 87
　　――の場 75, 84
環境教育施設 82
環境資源 69, 86
環境資源価値 51, 83, 85
環境にやさしい態度 105
環境配慮 87
　　――の意識 104
環境配慮意識形成 107, 109
環境配慮(型)行動 86, 104, 105, 107
環境要素 83
環境リスク認知 104
緩衝緑地 4
関東大震災 3

【き】

季節感 51
給餌行動 88, 90
給餌者割合 65
給餌体験 109
給餌池 69, 70, 85, 96
給餌量(1人当りの) 65
近隣公園 4

139

索　引

近隣住区 4
近隣住区理論 35, 37

【け】

景観 82
景観資源 9
景観要素 112
景勝地 1
形容詞対 123
計量心理学的 112
ゲシュタルト心理学 132
原風景 112

【こ】

広域公園 4
広域避難地 5
公園整備率 5
公園づくり（市民参加の） 7
公園の誘引力 34
公害 79
洪水調整池 14
国営公園 4
小寺池 24, 80
コミュニケーション 43
"コミュニケーション"の場 33, 51
菰池 25, 80
昆陽池公園 54, 87

【し】

視距離 130
自然観察園 81
自然体験 79, 87
実行可能性評価 105
児童公園 112
シミュレーション解析 64
市民参加の公園づくり 7
社会規範評価 105

重回帰分析 128
住区基幹公園 4
住民参加型 86
情操教育 60, 90, 103, 110
情報提供 96
情報パネル 86
神社仏閣 1
親水機能 47, 83, 84
親水空間 22
親水行動 11, 44, 85
親水施設 42, 43, 80
親水性 11

【す】

水生植物 21, 23, 45, 80
　　—による浄化法 75
水生植物園 50
水生動物 21, 45
水流器 19
数量化Ⅱ類 90, 92
スカイライン 132, 135

【せ】

整備5箇年計画 3
責任帰属認知 104
説明変数 92, 128
説明要因 90
戦災地復興基本方針 3
千里北公園 115
千里中央公園 115

【そ】

総合公園 4

【た】

対処有効性認知 104
ため池 16

140

索　引

【ち】
地球環境	79
地区公園	4
治水機能	14
抽水植物	75
眺望	111
眺望空間	111

【て】
底質	65
帝都復興事業	3

【と】
東京市区改正	2
透視度	23
特殊公園	4
特別都市計画法	3
独立性の検定	90
都市基幹公園	4
都市公園	8
都市公園法施行例	3
都市緑地	4
都市緑地保全法	3, 8

【に】
ニュータウン地域	113

【の】
農業利水	15

【は】
白鳥	56
バリマックス回転法	117
阪神・淡路大震災	3
万博記念公園	115
判別傾向	92

【ひ】
判別分析	90
1人当り給餌量	65
日比谷公園	2
広島市環境基本計画	9

【ふ】
富栄養化	23
富栄養化シミュレーションモデル ...	72
ビオトープ	14
負荷原単位	65
浮標植物	75
文化的資源	10
分散行動	11
噴水　20	

【へ】
便益費用評価	105
変数増減法	128

【ほ】
防災公園	5
歩行限界	35

【ま】
満足度	38

【み】
水草	83
水鳥	50, 54, 69, 80, 88
水辺	9
水辺(歴史性のある)	11
密集住宅地域	113
緑	9

141

索　引

【も】

目的変数 92, 128
目的要因 90

【ゆ】

有意水準 90
誘引距離 36, 37
誘引力（公園の）.......... 34
遊水機能 14
誘致距離 41, 113

【よ】

溶出速度 65

【ら】

ラムサール条約 68

【り】

流動解析シミュレーション 71

【る】

利用頻度 38
緑道 4

【る】

累積寄与率 117

【れ】

礫間接触酸化法 75
歴史性のある水辺 11
歴史的資源 10
レンジ 90

【ろ】

レクリエーション都市 4

【わ】

渡り鳥 50, 69, 89, 98

水辺が都市を変える
― ため池公園が都市空間に潤いを与える ―

定価はカバーに表示してあります。

2005年3月18日　1版1刷発行　　ISBN 4-7655-1690-3 C3051

著　者	和　田　安　彦	
	三　浦　浩　之	
発行者	長　　祥　　隆	
発行所	技報堂出版株式会社	

〒102-0075　東京都千代田区三番町8-7
　　　　　　　（第25興和ビル）
電　話　　営　業　(03)(5215)3165
　　　　　編　集　(03)(5215)3161
F A X　　　　　　(03)(5215)3233
振替口座　00140-4-10
http://www.gihodoshuppan.co.jp/

日本書籍出版協会会員
自然科学書協会会員
工学書協会会員
土木・建築書協会会員

Printed in Japan

© Yasuhiko Wada and Hiroyuki Miura, 2005　装幀　芳賀正晴　印刷・製本　シナノ

落丁・乱丁はお取り替え致します。
本書の無断複写は、著作権法上での例外を除き、禁じられています。

水を活かす循環環境都市づくり
都市再生を目指して

和田安彦(関西大学教授)・三浦浩之(広島修道大学教授)　共著

A5判・総170頁　　ISBN4-7655-1629-6 C3051

定価2,730円(税込み)(変更される場合があります。弊社までご確認ください)

【主要目次】
1. 地球環境時代の都市における水
2. 水を活かした循環環境都市づくり
3. 効率的な雨水利用システムの構築
4. 都市水資源としての流出雨水の利用
5. 下水処理水の再生利用
6. 下水処理水を活用した都市内河川の水環境改善
7. 中水道システムによるオフィス街での水自給化
1. 中水道システム導入による水源自立型都市づくり

市民の望む都市の水環境づくり

和田安彦(関西大学教授)・三浦浩之(広島修道大学教授)　共著

A5判・総156頁　　ISBN4-7655-1652-0 C3051

定価2,625円(税込み)(変更される場合があります。弊社までご確認ください)

【主要目次】
1. 市民合意形成と市民参加，エコデザイン
2. 上水道での高度浄水導入に対する市民の意識と評価
3. 民の視点からの都市水供給システムの再生
4. 市街地にある河川の環境空間としての市民の評価
5. 市民の求める河川水辺環境の整備

技報堂出版　　営業　TEL 03-5215-3165　FAX 03-5215-3233　http://www.gihodoshuppan.co.jp/